21世纪先锋建筑丛书

数字 + 生态

URBAN ECOLOGY

数字建筑 + 生态模拟

R&Sie(n)的设计与研究

仇宁　薛彦波　主编

中国建筑工业出版社

图书在版编目(CIP)数据

数字建筑+生态模拟——R&Sie(n)的设计与研究/仇宁，薛彦波主编.—北京：中国建筑工业出版社，2011.7
21世纪先锋建筑丛书
ISBN 978-7-112-13340-6

I.①数… II.①仇… ②薛… III.①建筑设计：计算机辅助设计 IV.①TU201.4

中国版本图书馆CIP数据核字 (2011) 第121961号

责任编辑：张幼平
责任校对：陈晶晶　姜小莲

21世纪先锋建筑丛书
数字建筑+生态模拟
——R&Sie(n)的设计与研究
仇宁　薛彦波　主编
*
中国建筑工业出版社出版、发行（北京西郊百万庄）
各地新华书店、建筑书店经销
百易视觉组制版
北京顺诚彩色印刷有限公司印刷
*
开本：880×1230毫米　1/32　印张：6½　字数：354千字
2011年6月第一版　2011年6月第一次印刷
定价：58.00元
ISBN 978-7-112-13340-6
(20721)

版权所有　翻印必究
如有印装质量问题，可寄本社退换
（邮政编码　100037）

前言

今天的建筑学面临空前严峻的挑战，住宅、交通、土地利用方面的问题以及能源和资源日益枯竭、生态环境恶化等，正以人类生存发展的大命题方式直接逼问；而在建筑学专业内部，受学科自身自律发展内在动力的驱使，求新求变的欲望日益强烈。那些困扰着历代建筑师的基本命题依然等待着与时俱进的解答：什么样的造型风格能够反映时代的精神？建筑怎样满足所处时代社会生产和生活提出的各种复杂的要求？建筑对于人的意义是怎样的？如何定义建筑之美？建筑学的发展方向何在？应当怎样处理继承与革新的矛盾？新的科学技术为建筑提供了什么新的可能性……

回顾20世纪的后四十年，世界建筑领域表面喧嚣，实则沉闷。后现代主义、新现代主义、解构主义，你方唱罢我登场，各领风骚十几年。尽管建筑师和建筑理论家们可谓是呕心沥血，花样百出，但这些流派与运动最终也只是对现代主义建筑某些方面的不足，如人文关怀和个性特色方面的缺失进行修正和改良，很难说有多少实质性的突破。预示和制约未来发展方向的信息和条件更多来自建筑学之外，这远远超出了仅将研究重点局限于形式与风格的探索者的视野。

在西方发达国家渐次进入后工业时代之后，社会生产与生活方式已经发生了深刻的变化：社会日益富裕，消费成为影响社会运转最重要的因素之一；福柯、德里达、德勒兹等后现代哲学家的思想广泛传播；计算机、材料技术、互联网及信息技术飞速发展；全球化趋势加速；由能源危机引发，人们开始对可持续发展及生态危机进行全方位思考等等。在内部自律发展的驱动力之外，正是这些变化外在地影响或制约着建筑学的发展趋势。

后现代哲学思想

现代科学将理性主义导向排除主观因素介入的完全客观的一元论，结构主义哲学更是将生动真实的大千世界归结为简单的秩序与普遍性法则，世界的复杂多元性被视为肤浅的表象，而被简化归纳的结构秩序等同于本质。

20世纪60年代以来，福柯、德里达、德勒兹等后现代哲学家的思想日益受到重见，他们在各自著作中从不同角度对现代主义的一元宏大叙事的权威性进行不留情面的反驳与颠覆，揭示真实世界的多元复杂性以及长期被主流文化忽略压制的非主流亚文化的价值与意义。后现代主义意味着一种世界观或生活观，即不再把世界视为统一的整体，而强调其多元、片段化和非中心的特点。

以德勒兹为例，他的思想有意挣脱和抵抗既有的或传统的社会文化的束缚，以开放性、增值性的思想观念阐释世界的多元和生命的混沌。他借助"块茎"、"高原"、"褶子"、"游牧"等概念，提倡充满活力的差异、流变、生成、多元的后结构主义观念。德勒兹的"褶子"象征着差异共处、普遍和谐与回旋聚合，有无限延展、流变和生成的开放性和可能性，是统一与多元性共存的平台。在经济全球化与文化数字化的时代，褶子导致人类转向开放空间，从而生产出新的存在方式和表达方式。"游牧"指由差异和重复运动构成的、未结构化的自由状态，事物在游牧状态下不断逃逸或生成新的状态。"块茎"是非中心、无规则、多元化的形态（区别于树状结构的中心论、规范化和等级制），块茎图式是生产机器，它通过变异、拓展、征服和分衍而运作，永远可以分离、联系、颠倒、修改，是具有多种出入口及逃逸线的图式。

致力于探索建筑学发展的当代新锐建筑师在这些后现代思想家的理论中找到了打破理性主义束缚的思想依据；20世纪中叶诞生的非线性科学理论为突破线性科学对人类思维的制约、研究复杂多元的问题提供了全新的视野与理论方法。传统的艺术及建筑创作原则如统一、协调、完整性等也随之丧失了合理性的基础，而漂移、变异、流动、生成等成为建筑创作中常见的观念。当然，就像德里达的解构哲学中一些概念被生硬地借用到建筑领域一样，德勒兹的后结构主义哲学概念也存在被庸俗化、工具化的状况。一些建筑师和建筑理论家从他众多的哲学新概念中提出一部分，只是作了望文生义的意象化处理，并在建筑的形态中以直接或隐晦的方式表现出来。

消费社会和图像化时代

后工业时代消费社会的基本逻辑是人们能够通过消费的对象定义自身的个性和身份地位，这种情况下，人们消费的主要是物作为标示差异的符号意义，于是，作为消费对象的空间，其形态的识别性和差异性就显导尤为重要。另外，在信息和图像化风潮的影响下，建筑形象吸引了越来越多的公众的关注，建筑师也需要个性鲜明的作品来获取成就与名声。事实上，一些建筑的影响早已超出建筑领域成为公共话题，而其建筑师也像娱乐明星一样风光无限。这种对外观形象的重视在数字虚拟、高速计算机的结构计算和图像信息传播技术的支持下更显出先声夺人的优势，形态和表皮成为建筑学研究的热点，建筑方案的表现手段已经反过来开始影响设计的理念、程序和方法。

全球化

信息技术的发展造成了新一轮的"时空压缩"，也促进了文化和社会生活的巨变。全球性的信息和资源流动正在改变着人们的生存条件，一些原来的区域性、地区性的观念产生了新的变化。非物质化的虚拟空间、虚拟社区的发展切实改变了人们的生活观念和生活方式，也引发了空间场所与人的关系的进一步变异。在今天，技术劳动力分配的全球化程度越来越高，建筑师跨地域从事设计实践已经是普遍现象，尤其是一些有国际影响的明星建筑师，在全世界的建设热点地域都能看到他们的身影。

生态危机与可持续发展战略

人类近两百年来对能源和自然资源毫无节制的滥用所导致的恶果在近几十年中集中地显现出来。今天的世界面临资源枯竭、能源危机、生态危机、环境危机、人口膨胀、发展失衡等诸多问题，总起来看就是人类的生存危机。

建筑是人类最重要的生产活动之一。我们从自然界所获得的50%以上的物质原料都是用来建造各类建筑及其附属设施，这些建筑及设施在建造与使用过程中又消耗了全球50%左右的能源。在环境的总体污染中，与建筑有关的空气污染、光污染、电磁污染占34%，建筑垃圾占人类活动产出垃圾总量的40%以上。作为资源利用和环境污染的大户，如何提高综合循环利用，探索节约资源、能源，减少环境污染、提高建筑科技含量和经济效益的绿色可持续性建筑，是建筑界当前面临的最大课题。

国际建筑设计界对建筑的认识在观念上已经发生了重大转变：如从注重建筑作品本身的经济、技术、艺术价值扩展到建筑作品的生态价值和社会价值，从注重建筑产品的建造过程转向注重建筑产品的整个生命周期等。

计算机、新材料、新技术

千百年来，建筑师遵循着线性思维方法，依靠自己的空间想象力，在头脑中设想建筑形态和空间关系，以二维的图纸或三维实物模型表达设计成果（其间虽有高迪这样的天才尝试突破，但毕竟是个例，且由于建造技术落后，其作品历百年未能完成）。今天，借助于计算机的数据和图形分析技术、虚拟技术和数字化控制制造技术，自由的、流动性的、形体和空间关系的复杂程度远远超出人想象力的非线性形体可以轻松地设计并制造出来。计算机技术不仅是建筑形体设计及成果表达的手段，随着编程、参数设计、形体生成等方法的普及，它对建筑设计的影响已经上升到观念和方法论的层面。当前的数字建筑，不仅其设计过程高度依赖计算机软件技术，在建造手段上也离不开数控机床等计算机辅助制造技术。

此外，层出不穷的各种新型建筑材料（如高强度材料、节能材料、环保材料及各种综合材料等）和节能环保技术，也为建筑探索提供了有力的技术和物质材料支持。

无论对于形式风格探索还是生态、节能、环保、结构和空间等内在品质的提高，突飞猛进的计算机技术为建筑学打开的是一扇革命性的大门。

具备了哲学的、社会的、经济的和科学技术的条件，似乎建筑学的发展就要掀开新的一页了。

20世纪初，建筑史上最具颠覆性的变革——现代建筑运动的发生即是如此。在其影响下，人们对于建筑功能、建筑美学、建造技术、材料科学，乃至对于建筑价值层面的理解，都发生了革命性的转变，并且控制世界建筑领域达半世纪之久。现代建筑运动虽以集中、爆发的方式出现，但其酝酿的时间却在百年以上，综合了工业革命以来政治、经济、科技、哲学、人文、艺术等各领域的成果才得以实现，又恰逢两次世界大战造成的巨大的建筑需求量，其影响才达到如此深远的程度。

21世纪已经过去了10年。今天回顾百年前的现代建筑运动，并非暗示我们又站在了建筑革命的转折点上，因为有太多的不确定性让我们无法作出如此乐观的判断。任何建筑思潮和风格的产生，都与当时的时代背景息息相关。在价值和评价标准多元化的后现代社会里，再期待出现一种像现代主义一样放之天下而皆准的主流建筑设计思想或风格显然已不合时宜。

当前城市、社会和自然环境面临的问题，对于建筑学的发展来说是严峻的挑战，也是难得的机遇。在建筑师多元化的探索中，有两个大的方向已成热点：一个是延续建筑学自律发展的惯性（这也是多数建筑师最热衷的），进行功能、建筑空间及形式风格方面的探索，计算机虚拟技术为这种研究提供了前所未有的条件；另一个是从可持续发展的立场，致力于研究节能、环保的生态建筑。也有很多前卫建筑师将这两个方向综合起来，在进行功能、空间及形式风格等方面研究的同时，探索一种充分利用最新科技成果的，能够让人、自然和社会和谐相处的可持续性建筑。

本丛书选择在这两个方向的理论研究和设计实践方面有较大国际影响的建筑师或建筑事务所的作品作较为详细的介绍。Vincent Callebaut提出的"信息生态建筑"是一种智能并可与人类灵活互动的建筑原型，一个联系了人与自然的有生命的界面。他的研究力图将非有机的建筑系统进行有机化改造，以使这种能取代人与环境平衡的新的绿色建筑融入生态系统中。IaN+事务所的新生态学并不限于常规意义上的生态环保，而是指与建筑相关的地理、气候、经济、人口、技术、艺术、文化等因素的复杂关系系统。他们的研究以一种特殊的方式将建筑、景观与这个复杂系统联系起来，进而激发有益的资源利用及技术开发。Greg Lynn是数字建筑理论的奠基者之一，从20世纪90年代中期开始，其事务所就已经成为利用动画软件进行建筑设计的先锋，其创新实践在年轻建筑师当中产生了广泛的影响。他的研究致力于以建筑形式表达当代技术的流动性、灵活性及复杂性，并创造性地将建筑的功能性、文化性和建造的可行性与电脑技术支持下的形态表现方式联系起来。R&Seic(n)事务所探索了通过技术虚拟手段把握不可接近的世界的可能性。为了打破理性实证主义和决定论对建筑的限定和约束，他们尝试利用动荡、不安的暂时性和偶然性，结合一系列既定的解决方案，来完成一种介于梦幻时光和未来之间的建筑。ONL是由艺术家、建筑师和程序员共同组成的多学科的建筑设计工作平台，他们在设计和生产过程中融入高超的交互式数字技术，将富有创造力的设计策略与大规模定制的生产方法相结合，使构成元素各不相同的几何形复合结构的建造成为可能。

这些国外新锐建筑师的研究与实践创造力、想象力丰富，成果显著，为建筑学发展乃至人类生活方式的转变提供了新的启示与思路。但作为实验性的前卫建筑探索，其发展还面临着一系列外在条件的制约。对于数字建筑和生态建筑，其设计与建造需要有雄厚的经济和技术力量支撑，另外，在日益全球化的时代背景下，这些前沿的建筑设计研究与实践如何与项目所处的自然、社会、经济和文化环境的相适应等，都需要大量细致的深化研究工作。所以，尽管它预示了建筑学发展的一种方向，但对我们来说，这些前卫探索最值得学习的应该是其研究的态度、立场和方法，而不是方案的生搬硬套或低级的形式模仿。

contents | 目录

（科学）虚拟&大众文化危机 008

上篇　情景、模拟与突变 011
绿色蛇发女怪 013
孔桥 029
混血肌肉／开拓场景 039
剪 047
柏油停车场 055
隐密 063
蛇 066
蚊子狭径 075
绝尘／B博物馆 085
拔栓 094
线 101
呼吸 107
攀直 113
折叠 119
社会肌理 125

膨冰 130
流木 132
喷涌 135
收缩 137
溢 141
阴影&光线 148
滋生 150

下篇　我听到点什么 153
我听到点什么 154
IntegraTM生命科学——
对于"我听到点什么"的直率的建议 170
时间因子 175
催眠密室 188
邻里协议 190

（科学）虚拟&大众文化危机

沉溺于一个动荡不前的时代中，我们追随着光阴之矢——从1960年起，就从来没有人肯定它在沿着哪条路前进——在婴儿潮（"Baby's Boomers"，指"二战"后的1946年至1964年这18年间，美国人口急剧增长期出生的一代）一代道德上的保守性和古奇一族消费至上的未来主义中摇摆不定。

一种仅从科学（虚拟）的确信性出发才能够完成的对不可接近世界的探索，超越了伽利略式的对未来的观察，（科学）虚拟已经汇入我们的数字化社会的涓涓细流之中。

在1969年7月里的那一天，必本登（bibendum，米其林轮胎创始人）在月球的肮脏尘埃中留下了虚幻的脚印，这标志着我们幻想无止境飞行的结束。当斯蒂芬森、吉卜森、斯特林以及其他人的著述被市场定位为冒险小说时，它们实际上却是对生活直接的反映，而这种文学流派把从幻想的哈哈镜中创造出来的世俗百态扩展到一个似是而非的理想空间中，其后又与它的所有社会特性一起融入各类新闻中。

令人惊讶的是，（科学）虚拟既没有前进也没有后退，而是转换到了此刻。这种逐渐呈现出来的、操纵着我们的现实的模式，正在变为真实的转换工具和自相矛盾的策略杠杆，以便掌握我们的后数码社会和令人窒息的摇摆不定的大众传媒文化。

不过当下活跃的基质的主要兴趣在于它自身引发的焦虑性。（科学）虚拟不再保持着实证主义者和决定论者宣传上的统治地位，它应该孕育我们畸形的种子——我们自身在非决定论、混沌理论和生物起源论中的控制缺失——就像一种力量与鸟头神物（来自希腊神话）和世俗化的造物，浮士德的黑暗时代和狂飙运动的结盟，联手对理性主义者的权威和黑格尔精神产物进行反击，以此打开一个世界，让其中的恐惧成为和色欲一样可爱的寓言。我们必须克服这种瞬间的褶层和对未来思想的闭合症，并且像时间中的一个渐进曲点一样活在现在，它介于回到未来和此刻的明天之间，介于梦幻和今后的时日之间。

这些自相矛盾的情形导致人们的时间观念及感知都被直接的现

实碾碎，我们又怎么能相信建筑仅仅是由陈腐的化身、幼稚的盲目衔接物和革新主义者的价值观，以及伪装成全球化娱乐的期价机会主义者所构成的呢？

为了纠正那些对建筑起着限定作用的条件和实质，为了揭示出驱策着我们社会的种种矛盾和狂想，我们反倒需要吸引这种动荡的、令人不安的、艳俗的暂时性。建筑不是道德标准的载体，不是一个以后再说或者以后再做的事情。建筑只能在其情境中的偶然性以及它的一系列既定解决方案妥协地活着。

与极度愤世嫉俗的幻想历程（市场创造了这种形式！）及其对国际建筑的重新塑造（在纽约、巴黎、柏林、上海、新加坡）形成了鲜明的对比，这种批评性和区域性的态度却是启动了一个进程，这使得一个悸动的、复杂的、有待完成的"地方主义"概念被重新点燃。

我们对于法典体系和区域性转换的手段不是通过一个理想的计划，而是依靠一个地区性的编目，一个突变和一个确切的群落环境，并从城市思想的普遍性颓败及其诡计中诞生。这种不明确性引升了我们不断变化的、独一无二的境况。

瓜塔利和德勒兹（Guattari / Deleuze，法国后现代哲学家）的折叠的根状茎思维是个接合点，也是到达第n种境界的分支点，到达一个未知领域，从而，那些宣称自己拥有推论性的、教育性的、直线传承的权威地位的人们所造成的钳制就会被打破。如此使得我们可能从普罗米修斯的梦中、千年来的布道者的手中和愤世嫉俗的道德家的手中逃脱出来，然后愉悦地走在上个世纪的形形色色的垃圾箱旁，挣脱进步主义者神化的迷惘，走在一种习见的大变动的世俗里。

（科学）"虚拟的"建筑并不是精英们的有如电影《变形博士》中多样性的文化重组。它与那种在博物馆的肥皂泡里的怀旧性的理想化世界毫无关系，也不是怀有道德假设的新时代乌托邦。

重新认识现实的新原则，则会发现这是一个对抗的空间，它为了对当前的存在性进行重编码和重注解而无休止地将其自身投入新的进程中去。

必要的时候，这种空间将对抗它自身的诞生、它的格式塔心理（心理学上代表"整体"的概念），而且只能在可见光谱中被察觉。那是它的政治性和操作性的状态，这种状态产生了转换的进程，并且在风口浪尖上承担了批评和突变的风险。

宣布"信息崩溃"是毫无乐趣的。我们仅仅能收获它不时产生的古怪的果子。以下的项目给出了一些例子。

弗朗西斯·霍

上篇

情景、模拟与突变

绿色蛇发女怪 /
孔桥 /
混血肌肉 / 开拓场景
剪 /
柏油停车场 /
隐密 /
蛇 /
蚊子狭径 /
绝尘 / B博物馆
拔栓 /
线 /

呼吸 /
攀直 /
折叠 /
社会肌理 /
膨冰 /
流木 /
喷涌 /
收缩 /
溢 /
阴影&光线 /
滋生 /

Green Gorgon / Lausanne, Switzerland

01 ✕ 绿色蛇发女怪

瑞士，洛桑

主题：

洛桑博物馆的藏品种类十分丰富（来源和年代都十分多样），性质介于一个"神奇的壁橱"和一个古怪的博物馆之间。藏品事实上更像一个"奇怪的"博物馆，拥有的，或是过时了的，或是因放置错误而到来的当代艺术品。

场景：

1）对当地"自然的"伪装（由湖面造成的洼地）的再认识。
2）谋略上异位的、有触手的、不确定的和组织上的发展。
3）多种性质的复杂概况——已建成环境（水环境、生物动力植被）的性质，以及城市为了创造一个混血的且无法确定的景观自发的、可怕的性质。
4）对这个多节点的几何形转为展览室形态的引入。一个地点，它的永久灭亡和模糊化似乎都是有道理的；它在混乱中的移动性成为这个展览设计的支撑点。复杂性是工具的重编码和解码以及折叠和展开。
5）便携式卫星定位系统使参观变得更加私人化，而信息化的PAD（每个艺术家的作品中音频和视频精确的细节）使展示内容加倍呈现。

"在凡尔赛的小花园的所有园林中，叫做迷宫的那个花园，完全是由于设计的革命性而使其变得非常出色。它被命名为迷宫，是因为它有着无数一个接一个的小山谷中的岔路；那里几乎不可能不迷路。但是，对那些迷失其中的人们来说，他们可以愉快地迷路，因为花园中没有任何一个路口不是同时在视野里呈现出几件作品的，因此人们在那里的每一步停留都会因新的作品而惊讶。"

查尔斯·皮罗特，1770年

建筑表皮生长的绒毛

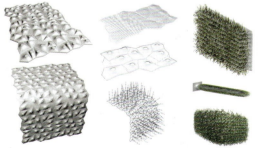

建筑表皮上的生长基

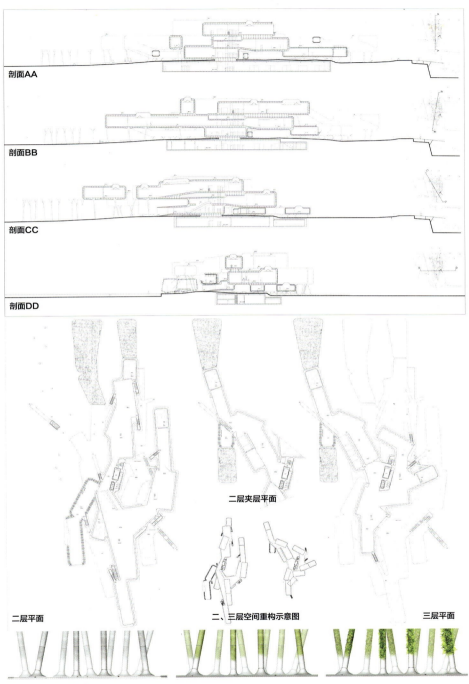

设计理念背景图

绿色蛇发女怪

绿色蛇发女怪

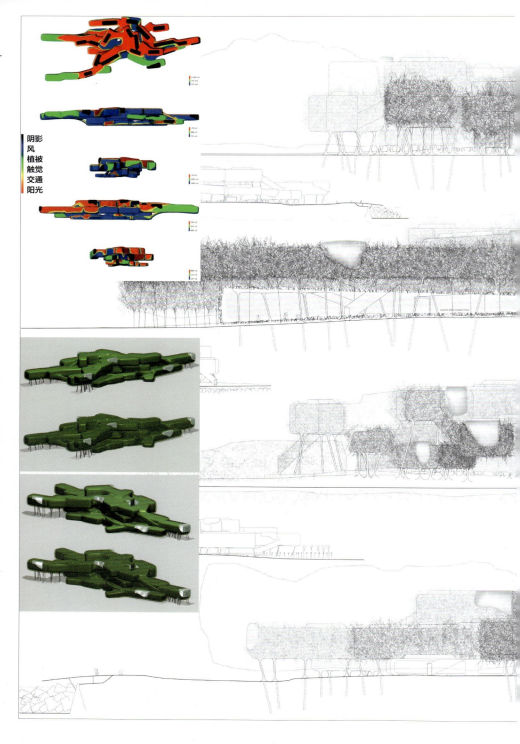

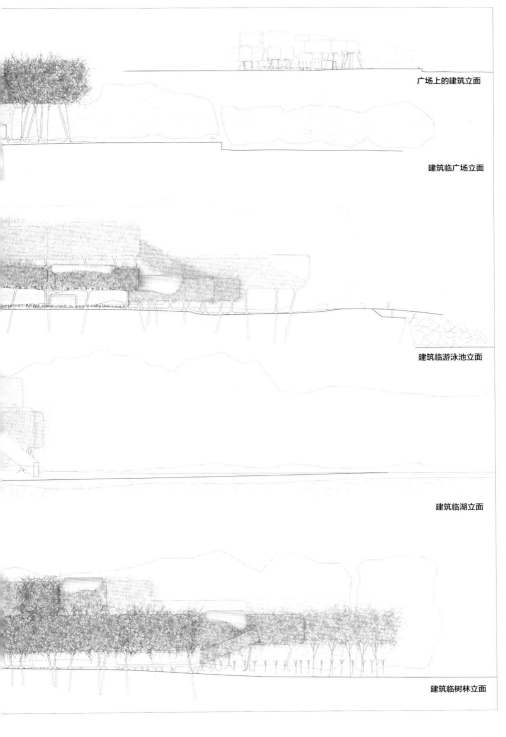

广场上的建筑立面

建筑临广场立面

建筑临游泳池立面

建筑临湖立面

建筑临树林立面

绿色蛇发女怪

（s）PIB（便携式卫星信息系统）观众可借助于这种交互式的便携式工具收听和观看关于博物馆内的艺术品的信息（主要是借助于红外线传输和无线网络技术），同时它还有GPS（全球卫星定位系统）功能。

这种戴在手指上的袖珍计算机是一个多语种的树结构信息存储器，它不但可以查询博物馆内的重要展览项目，还是一个可以为观众提供当前所处位置，并为观众建议下一个可能的参观点的任意搜索引擎。这是一个在空间接纳上的非格式化的全景模式。

（s）PIB由Mathieu Lehanneur设计。

Loophole / Cieszyn, Poland

02 孔桥
波兰，切申

形态学

"孔桥"在两个国家——波兰和捷克之间,置入了桥的景观,就像两个主体或是两种流动性之间的可混合的情景一样。

"孔桥"不仅是连接A点与B点的一个单独的美学功能体,而且也是一个河流蜿蜒形成的一部分。

这个蜿蜒的结构揭示了一个多节点的关系,在紧密联系和遥远的距离间,似乎在河的另一侧的那些物体之间是可接近的,甚至可以步行着跨过升高的片段,但这个联系现代历史中的混乱结构,有时又会变得不可接近。

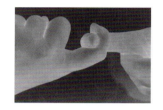

"孔桥"在文学层面上又一次连接起来了。

步行桥是一个追逐的游戏,至少它也曾吸收过这种游戏的思想。为了在穿越中使用这种思想,而将其中的流线打乱就是在迁入人口和迁出人口的规则中踌躇的情况。

道桥是在这个边缘区域中的一个控制点,一个领域性的控制点,它为了继续J.L.博尔赫斯的小说题目——《交叉小径的花园》,而被赋予了穿越性。

登陆

两侧的河岸具有非常不同的性质,尤其在河面曲线的布置上以及洪水的力量所带来的现状中。

在波兰,修建了一道被水"挖"出来的堤岸。

在捷克,它以柔和的斜面表现出冲击的力量,创建了一个码头基地。

这两种性质因步行桥的设计而被吸收了。在波兰,这种性质使得桥的方向背离堤岸而向前挤;而在捷克,创作的过程表现为一个码头岸线的消亡。

这种不对称的设定产生了两种解决方式的类型:

——在波兰：为了保持界面连续性，采用了在堤岸路上刻画出了一个沥青的物质界面。这种黑色的界面结合了斜面的通达性。

——在捷克：植被覆盖的堤岸上，有一座在地面连续隆起的带草坪的小山。这个绿色的界面在它的中部却被挖出一个盆状物，以容纳桥的第一部分结构。

在两个案例中，将桥的标高提高一米，以避免洪水的侵袭。

结构

步行桥是通过有"桁架和拱券"的桥体结构而实现的，这种范式是为了实现结构性的三角形最小化。步行桥因此被认为是一个连续的部分，这个部分使"室内"空间实体化了。这些钢剖面形成一个类壳体结构，构架了一个拟态内部的结构。

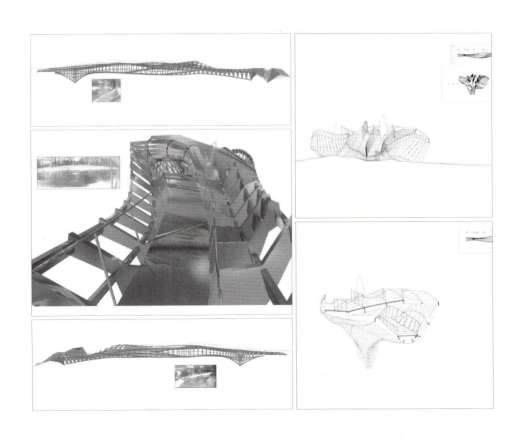

主题：

两个国家间的步行桥设计。

场景：

1）重点是对跨河的边界地区的自然和政治方面上的困难进行分析，进而重新认识这一地区的历史。
2）建立一种能够打乱迁入人口和迁出人口现状的方案。
3）为了创立跨越的不明确性，制造一个巧妙的环形步行道路。
4）连接空间中两点的最好方式是永远不相交的直线。

两种流动性之间的融合

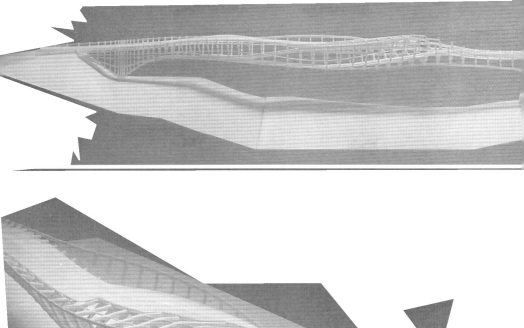
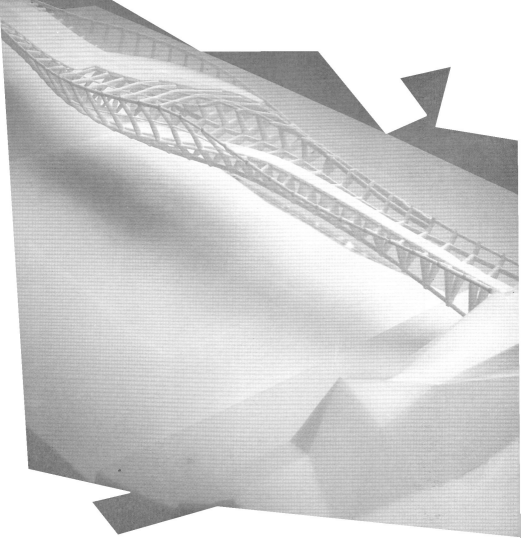

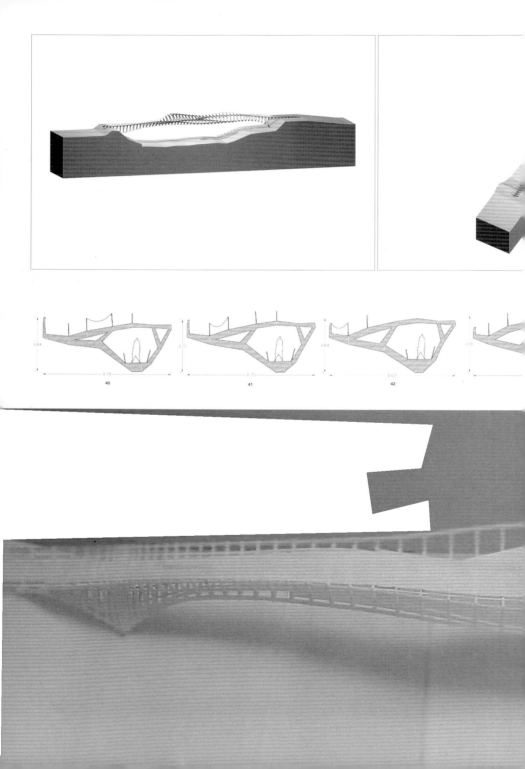

40   41   42

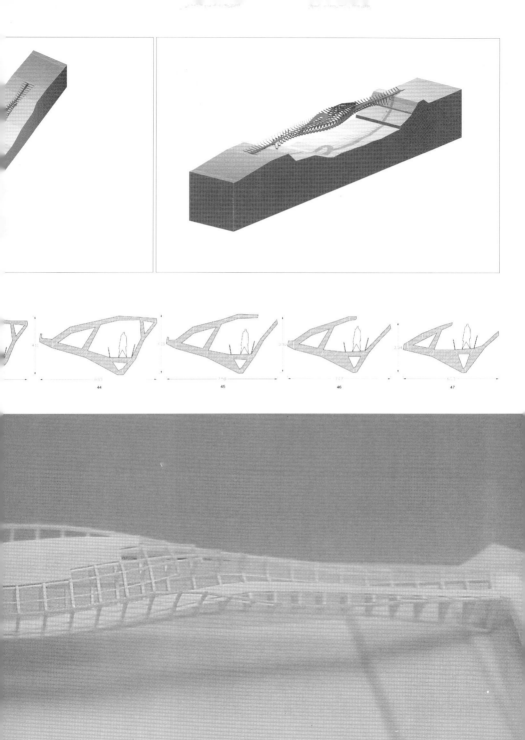

44 45 46 47

结构受力分析图

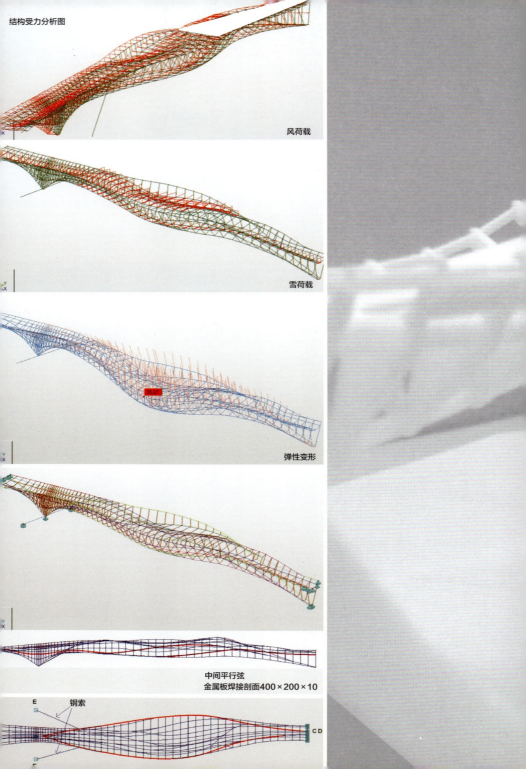

风荷载

雪荷载

弹性变形

中间平行弦
金属板焊接剖面400×200×10

E 钢索
CD

Hybrid Muscle / Preliminary Scenario / Chang Mai, Thailand

03 混血肌肉 / 开拓场景

泰国，清迈

这是关于另一个未来的故事，它迷失在泰国稻田中了。
它是关于一对连体婴儿的：
"混血肌肉"，R&Sie（n），2003年，制造电影的影棚。
"火星小子"，菲利普·帕雷罗，2003年，搭建影棚的电影。

主题：
建造一个能够产生供应自身电力的工作和展示空间，这样可以不被电网"断电"。
由私人委托。

场景：
1）建造一个由厚皮兽的肌肉力量所驱动的动物"引擎"。通过提升一个两吨重的金属平衡锤来储存机械能，然后将机械能转化为电能，可以提供支持十盏灯泡、笔记本电脑、移动电话的能量。
2）通过橡胶制成的片状立面的颤动来实现自然通风，它的工作原理与柚木叶制成的临时庇护所相同。

脚注：一只白化的水牛取代了大象。

皮查尔像他每天早晨所做的一样，开始了这块土地的电力生产，他的脚深深地戳进他厚皮兽的耳朵。这个"混凝土电池"已经用完了。昨夜有太多的笔记本电脑在使用，也有太多的翅膀在搏动。从他能记事开始，作为一个驯养员，他和他的大象一直做伴，他们一起搬进这块曾经的泰国稻田，这块已经成为若科特·提拉凡尼迦的地产的实验田地。

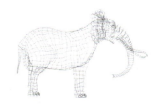

在他们的面前，是一个由内插的橡胶百叶构成的，并扣挂着一个两吨重的混凝土平衡锤的结构；这一结构像欧洲矿工挂在小橱柜中的衣服一样垂直摇摆。他们的工作是：把这些平衡锤一个接一个地耐心提起，以动物的缓慢速度驱动一个由滑轮和缆绳所组成的系统移动。由此，动物的肌肉能（2000瓦／时）通过发电机转移、储存，并且释放为电能。从大象到结构，到重力，再到能量的无休止循环，伴随着对土地利用和平衡锤的平台运动的节奏，并在内部空间进行能量的压缩和释放。

没有什么能够比使用期望中的优势工具和TabulaRRasa（一种万人联机的MMOFPS游戏）来探寻一个领域的开发和分布而更

混血肌肉／开拓场景

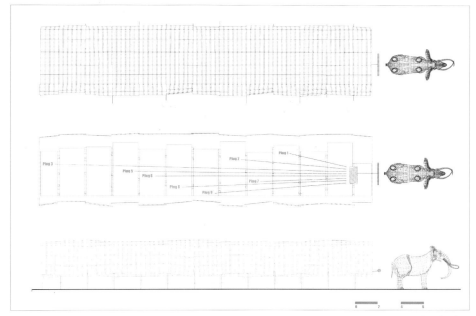

结构概念示意图

加偏执的规划了。相反,这项工程引入了与当地动物的一种关联模式。它不仅仅是一个以当地原生的厚皮兽来支持当地电力需要的巧合,而且是以建筑作为媒介的。这个"神来之笔"的进程制造了电流以及建筑中常见的交换模式,它是一个在其脚本中没有舶来品的遭遇性偶然事件。

这个项目的作者有着精神分裂特质并且是两极化的:PP R&Sie(n),他是艺术和建筑这两个特定领域的混合,并且除了通过这个紊乱的、杂交的身份,他就不能使自己前进。

在假象从《Elle杂志》扩展到《壁纸设计》的那段日子里,独特风格的设计者的概念从来没有像创意艺术家将其超凡魅力的孤独(比如Duchamp的明星)转变为一个后现代的创意导演(Jean Nouvel)这样激烈的,引入一个即时的,并且是周期性循环的模型,就像快速旋转的乒乓球那样。故事和叙述已经成为可互换的、可再生的以及自体抗生的了。作为一个自由市场系统的零部件的当代文化消费,这甚至是其必要条件之一。

这种由虚构模型的放大而做出的叙述上的回应,形成了所有的文脉上的思想,但却转变为一个简单列举的机会主义者。

在风格派建筑师里特维尔德面对着蒙德里安的3D世界的时候,在他的继承者德斯堡格、这个装饰派的造假者在他的建筑表面加以装饰时,建筑学的成果已经被后现代主义的病毒所感染。

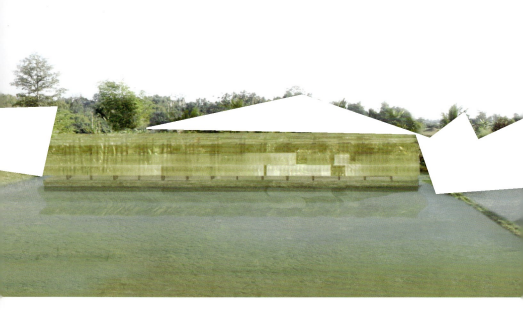

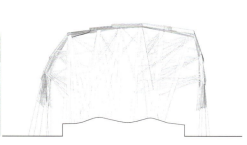

结构剖立面示意图

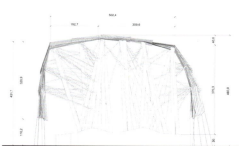

数字建筑+生态模拟

在清迈的土地上的"电池屋"项目则是完全不同的。它引入了生产上的同步性,这是一种在语言学意义上艺术家和建筑师之间的伴随物(很显然的,它是1%的矛盾体)。

它利用了情境(一个手工制作的柚木百叶结构;无数的受保护的厚皮兽被转化为旅游者手中的玩具;能量发展的需要),但是更加令人不安的是,它通过对两种态度、两种运作方式的吸收而产生了非显著性和双重性。这种混乱的策略,对于克莱恩和他的前辈来说并不是不可比拟的。

建造这种以空气和火焰所构成的非物质性的建筑稍微有点麻烦,但问题上的缺失正如一个可识别的作者的缺席,我们应该为消费一个坚持己见的作者的作品而赞美他……

这种不同种类的联系保持了虚构和现实原则之间的模糊性。没有任何注释可以描述它的特性,它的数据缓慢地驶入困惑的水面,无论是在建筑商还是在一件艺术品上,或者是二者同时。在15世纪之前,在重新引入技术的分离之前,在作者具有自制的和个人主义者的视野之前它就存在复杂性。

电流正在运行,大象和它的驯养者都在竭尽全力。平衡锤的晃动激活了机器和百叶墙,使其颤抖、起伏和换气。这种人造的、由塑胶制造的动画式表皮因空气作用以梅花状运动进行收缩,它的塑胶肌肉,引入了在建筑中呼吸和分泌所需最小限度的新鲜空气……

而在莱特兄弟早年的滑翔机和斯皮尔伯格的恐龙之间发生了点什么。

04 ✕ 剪

Shearing / Sommieres, France

法国，索米耶尔

主题：
为朱迪斯和埃米·巴拉克——法国南部的蒙彼利埃的一个艺术中心的主任的别墅设计。

场景：
1）为了保持隐秘性，建立像新出现的地形上的褶皱一样的突然出现的景观。
2）在场地中已经存在的岩石墙附近设计一栋像修整过的上冲岩石层一样的别墅。
3）为了提供对于气候的保护，建造像帐篷一样的内部生活空间。

地形高程分析图

帐篷内部空间分隔　　帐篷细部构造

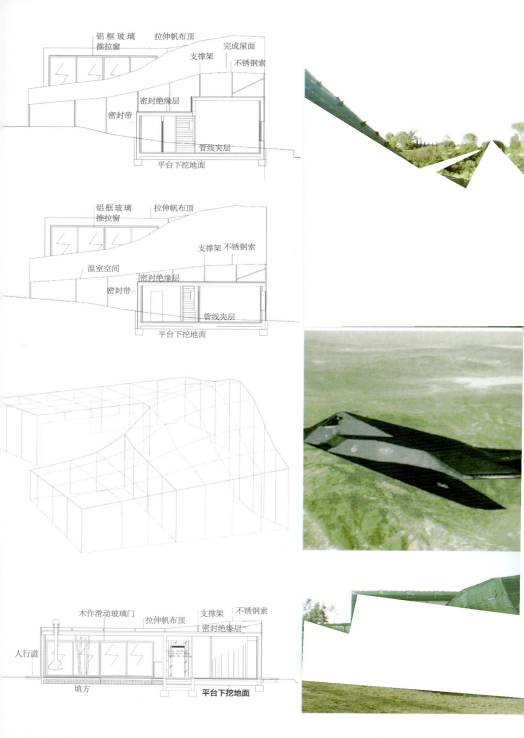

05 柏油停车场

Asphalt Spot / Tokamashi, Japan

日本，十日町

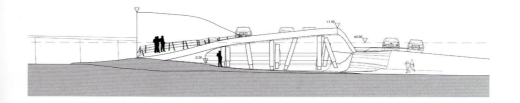

主题：

在一个停车场中建造一个户外展示空间。

项目：20个车位，300平方米的展示场地以及公共空间。

场景：

1）浇筑在场地上的沥青。
2）停车场黑色表面的扭曲使得室内外（密室和设施）的空间一体化。
3）参观者被吸引着驾驶或者走上斜面，作为一种解决其自身非均衡性的方式。

数字建筑+生态模拟

柏油停车场

06 ✕ 隐密

Furtive / Paris, France

法国，巴黎

主题:

在巴黎(第十行政区)建造一个流浪的2平方米的秘密住所,1998年的10~12月,受私人委托。

场景:

1)建造一个哈哈镜似的扭曲的交通工具。
2)在巴黎的大街小巷上行驶和停留。
3)在其中居住和睡眠。

行走中的隐秘住所

夜幕下隐秘住所

Snake / Paris, France

07 蛇
法国·巴黎

主题：

为一位艺术品收藏家设计的隐于巴黎的私密画廊。

场景：

1）隐秘的策略："只有穿过一个废物储存区域才可能到达那个白色的立方体。"
2）在两个参数之间的空间简介：
—具有欧几里得墙性质和1000流明光照的公共展览空间。
—像一个扭曲的蠕虫一样的临时住所，在拓扑几何学中渗透进这个空间。
3）为了制造诡异的外观，所有的东西都被白色的表皮覆盖着。
4）艺术家和人类的污染。悬挂的艺术品让人想到了《欢乐谷》这部提供各种伪装的电影。你可以在这里享受生活，留下皮肤细胞、头发、精子以及其他人类制造的残渣。

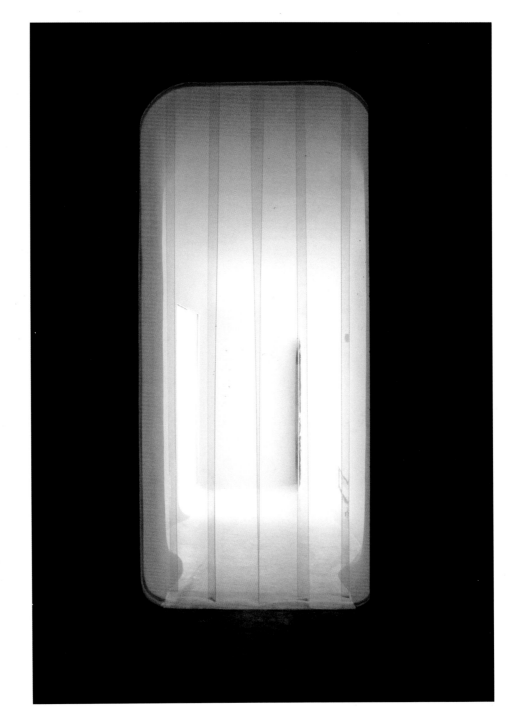

08 蚊子狭径

Mosquito bottleneck / Trinidad

特立尼达岛

主题：

为特立尼达岛上的一位艺术品收藏家建造的私人住宅。

场景：

1）对由蚊子产生的肆虐该岛的西尼罗河病毒进行监测。
2）将这种目标上的偏执性以及对安全性的渴求混合起来。
3）在人类和昆虫截然相反的性质之间发展一种克莱因瓶式的扭曲。
4）在房屋中设下捕蚊器，并且在屋中居住。
5）引入一种像纤维网状结构一样易碎的结构和材料，按照岛的地理位置而实现对台风的天然抵御。
6）将房屋的表面——楼板、立面和房顶用塑料缆绳和热缩塑料包织在一起。
7）在蚊子的"嗡嗡"作响以及结构的振荡之间作出回应。

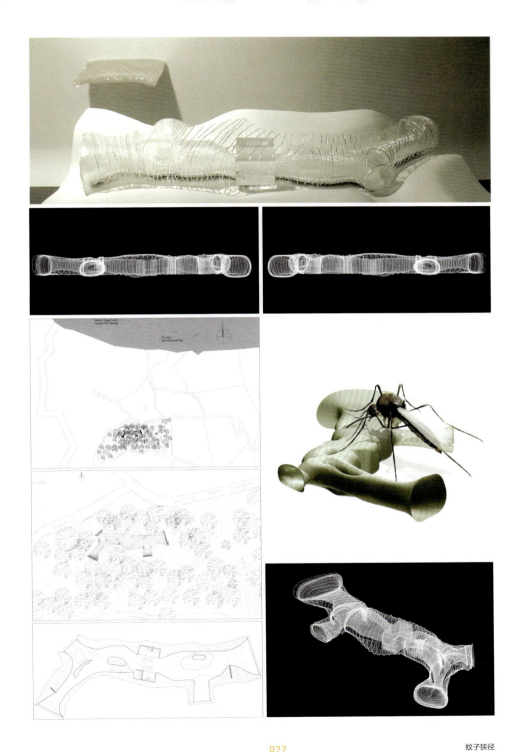

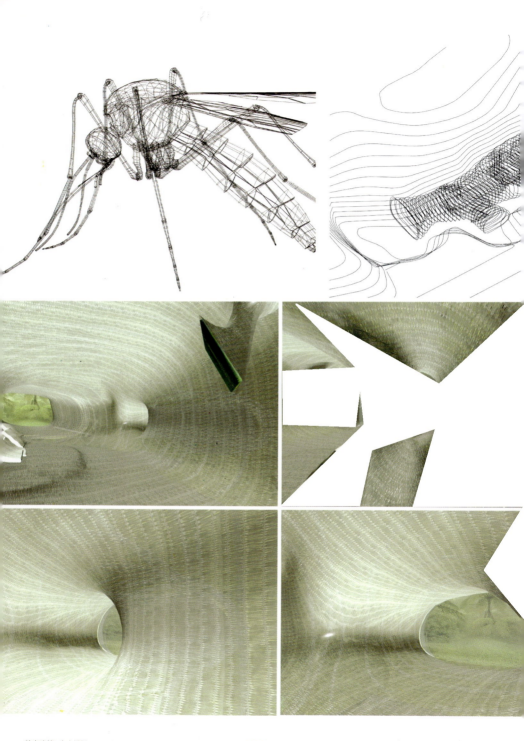

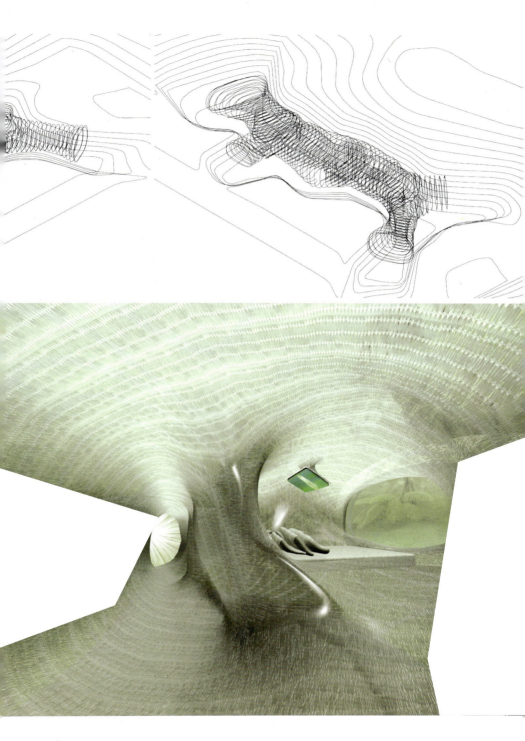

蚊子狭径

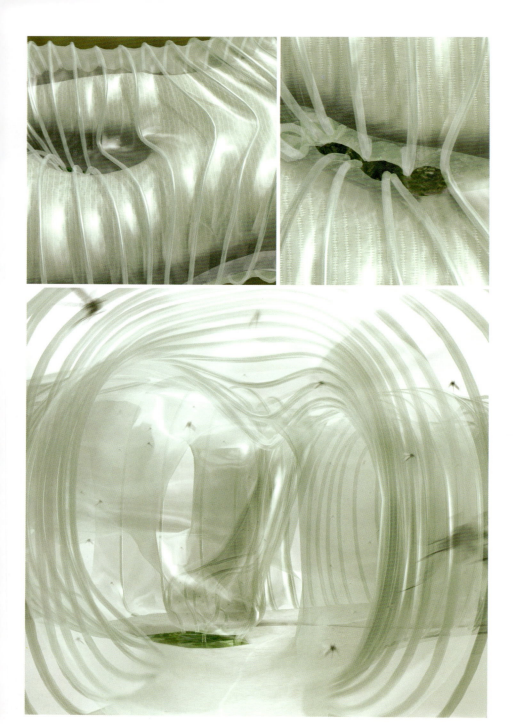

捕蚊器

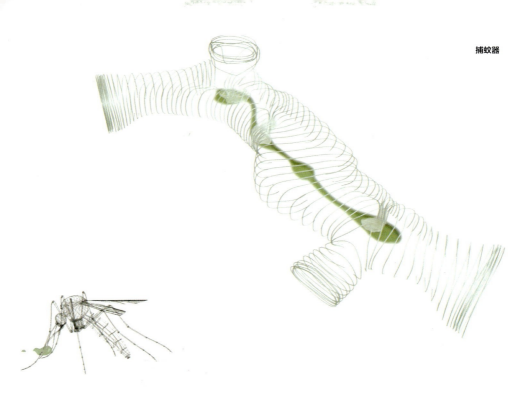

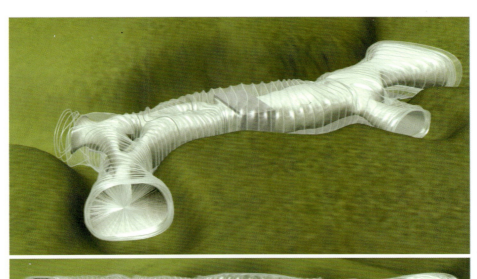

蚊子狭径

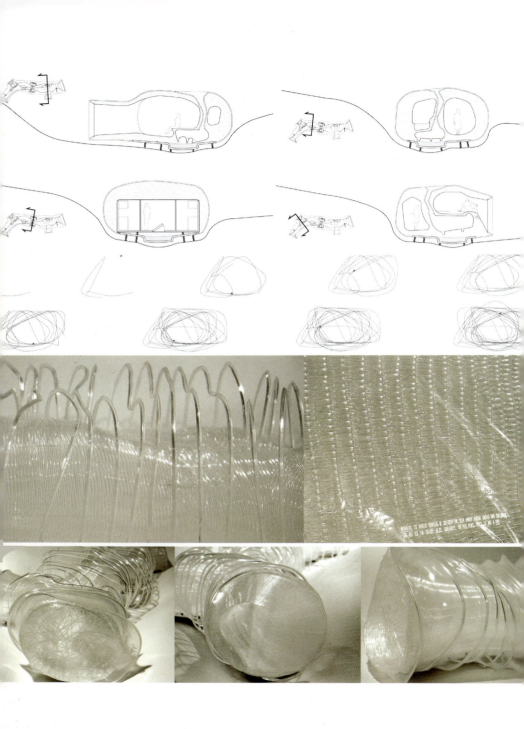

蚊子狭径

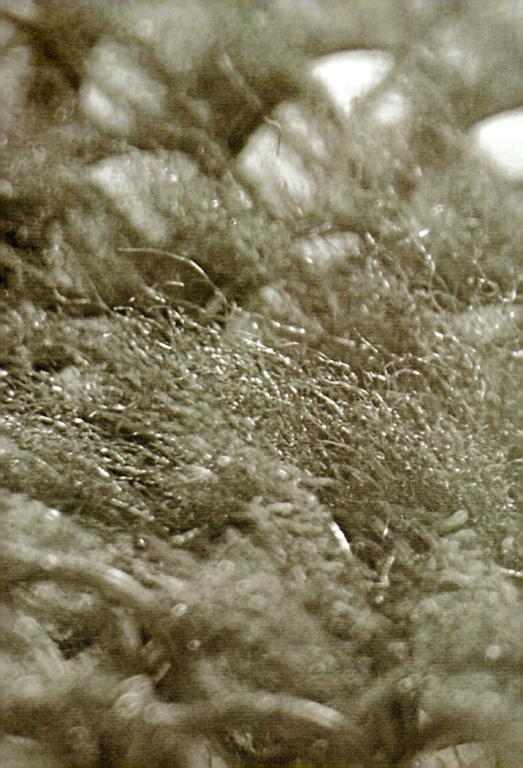

09 绝尘／B博物馆

Dustyr elief / B-mu / Bangkok,Thailand

泰国，曼谷

场景：

——在曼谷的灰色天空中的闪电之下，漂浮的颗粒形成了一层自由形态的灰色表皮。

——用一个静电系统（10万伏/没有强度）在铝制栅格的表面收集城市灰尘。

——阳光保护层隔开了摩天大楼外部空间（白色的立方体和欧式几何学中的迷宫）和内部空间的气候，同时成为一个跨越室内/室外的展览空间。

绝尘

曼谷是一个阳光充足、尘土飞扬的城市。污染的云团和二氧化碳使只有灰色光谱频率的光被滤过并且变得标准化。至少有50个不同的词汇可以用来描绘这种气氛：" 发光的、冒气的、信息化的、骇人听闻的、阴暗的、可蒸发的、像棉花一样的、破破烂烂的、肮脏的、朦胧的、令人窒息的、多毛的……"

灰尘充斥这个城市及其群落环境，甚至改变了城市气候。在这个由斑点和粒子构成的迷雾中，曼谷成为了在能量交换中抽搐的富营养化的人类活动的坩埚，能见度成为它最大的魅力。

建筑表皮的绒毛从曼谷的生态系统中收集电荷

引用吉普尼斯的话，与现代城市主义和它掩在华服下的戒律完全相反，曼谷是一个空灵的、超流体的城市。

服务于未来的B博物馆项目依靠突出的能量在城市环境和内部空间之间的气候上的相反性而存在，柔化并且服从了博物馆的产生条件（白色立方体）。

我们在讨论两个截然不同的几何结构：一个是欧式几何学的，属于全球化的，其中文化交易在无菌的和反领域性的空间中流通着，而另一个拓扑类型则投身于令人陶醉的城市混乱当中。

曼谷的未来博物馆反映了这种自相矛盾：

——离奇的"尘埃繁殖"，或者换种方式说，一个产生灰尘的农场。

建筑表皮金属网上的生长基

剖面图

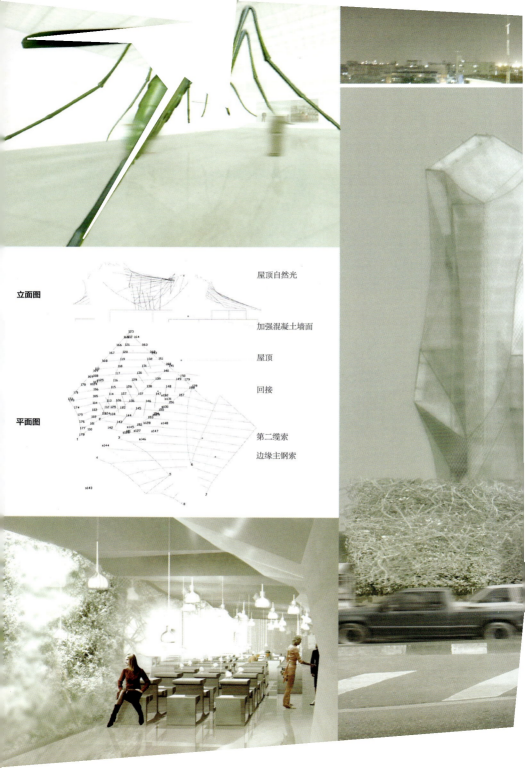

立面图

平面图

屋顶自然光

加强混凝土墙面

屋顶

回接

第二缆索

边缘主钢索

这种交流性（界面的管理、进程、发展……）产生的变化创造了参观者对天空的感知所得。B-mu博物馆是一个转换门，用S.F.西门斯的话说，这儿仅仅是从地方到全球。

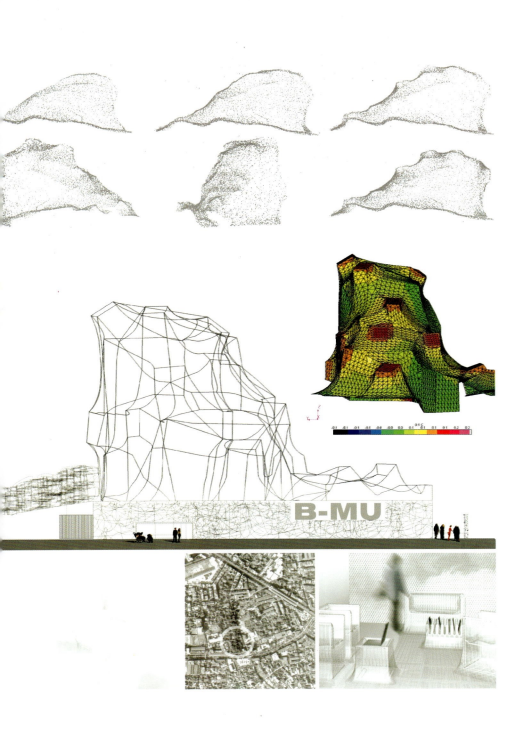

Mu Unplug / Paris, France

10 拔栓

法国，巴黎

主题:

在巴黎德方斯商务区的办公建筑。受法国电力设施研究部的委托所设计的一个核能建筑。

场景:

1) 一栋标准办公建筑的建造。
2) 聚集可再生能源的互动的立面变形:
—具有热感应器（5公里）的"长毛的"立面;
—具有光电管的突出的玻璃表面（2000平方米）。
3) 不需与城市能源网相连。

拨栓

这个项目计划了一个与汽车工业中"概念车"相似的"概念楼",用一个互动的立面来接收可再生能源。立面外表上的有毛体（热传感器）和突出体（光电管）是可以产生能量的膜。建筑既是一个能量消费者,也是一个可以将能量重新注入网络中的生产者。这个项目来自于突变,即一个具有新的能源因素（封装真空管的太阳能板和光电池）的普通办公建筑。这个立面由此对这种新型能源输出方式作出了反应。

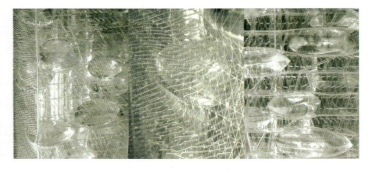

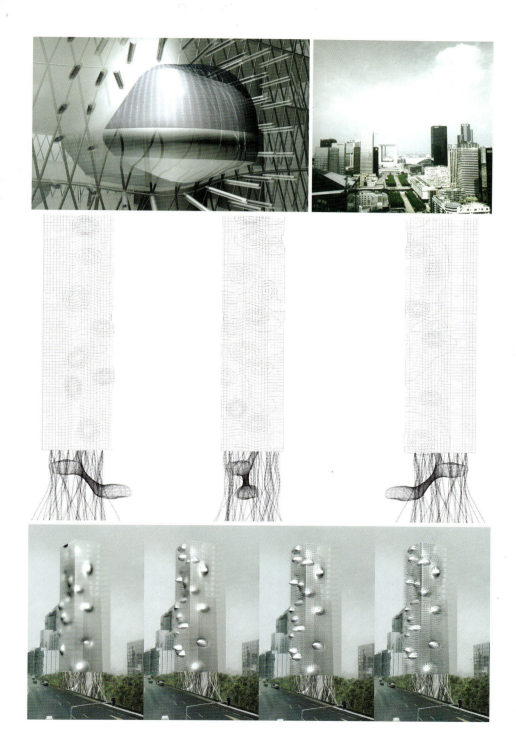

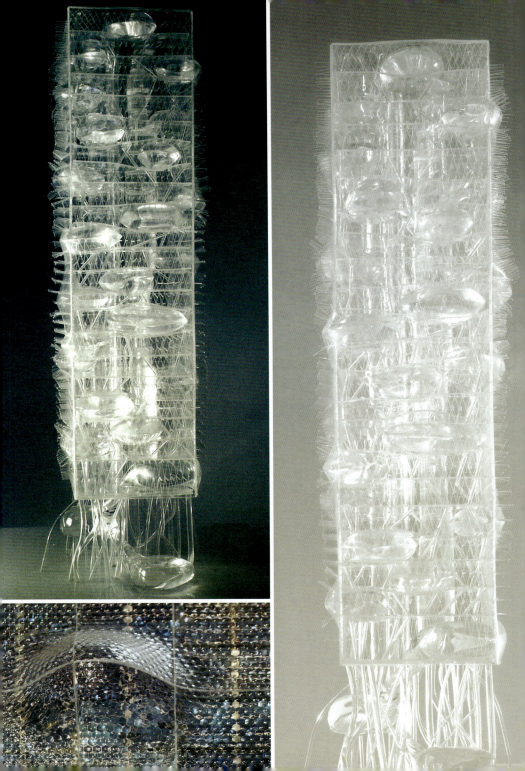

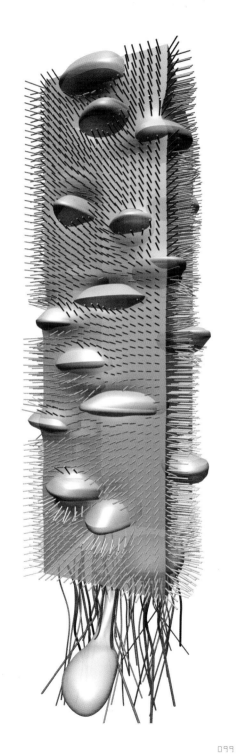
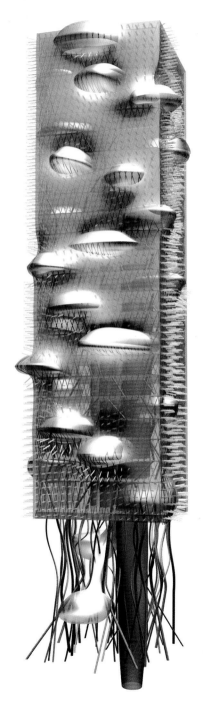

拔栓

11 ╳ 线

Wire Frame / Pouilly, France

法国，普伊

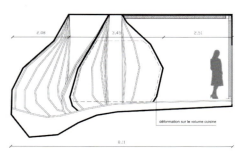 

主题：

在勃艮第海峡（一家200平方米的餐厅和一条公共步行道）设计一座桥梁，以取代20年前毁掉的那一座。

场景：

1）对19世纪桥梁建造（场地中的铆钉固定的钢梁）的分析。
2）以索状材料编织成新桥的梁架，像蜘蛛网一样具有随机性的位置（像大脑中的病毒，或者是工程软件一样）。
3）为了达到可用的每平方米的公共重量（步行道500千克/平方米，餐厅150千克/平方米）而对这个悬索笼进行变形处理。

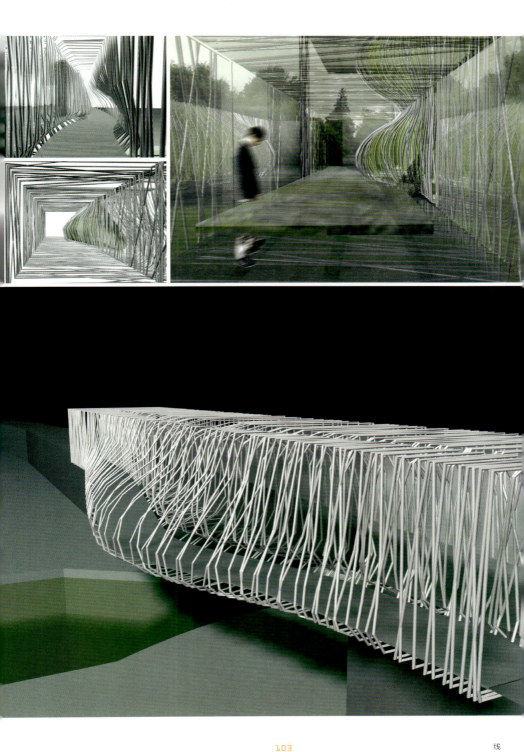

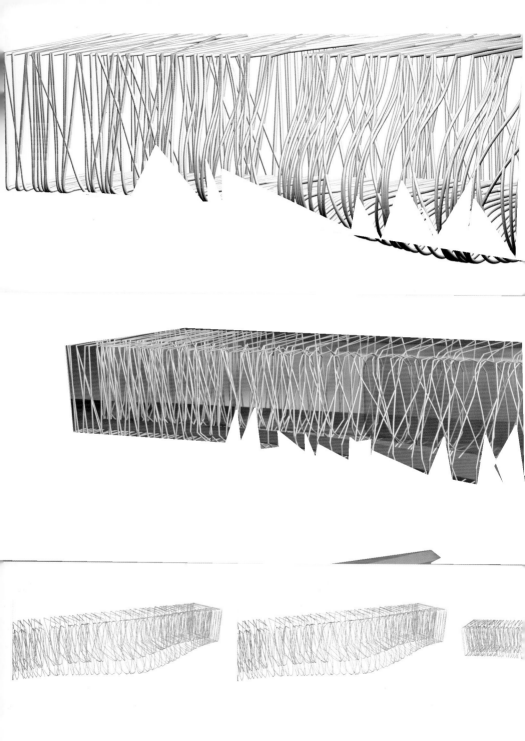

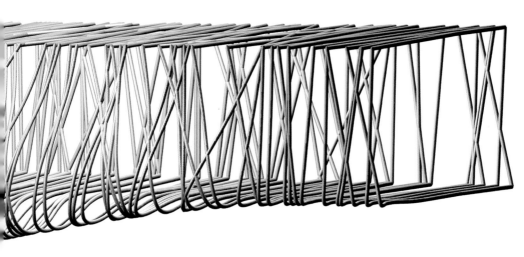
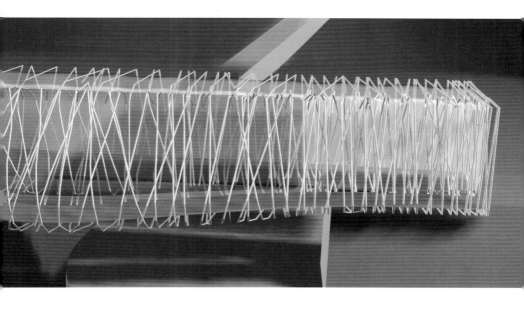

Inspiration / Venice,Italy

12 呼吸
意大利，威尼斯

主题：

在威尼斯的滨水地区设计一座文化中心（建筑学院的扩建），共4100平方米（礼堂、书店、教室、餐厅、画廊）。

场景：

1）拆除现存的水泥仓库（但为旧建筑保留了一个虚幻的鬼影）。
2）以数字化的方式再现水被吸入后留下的烙印，水波荡漾在每个格局层面上。
3）制作三维图像以与原先所存在的建筑的烙印进行对话。
4）制造内部和外部的PVC膜。
5）通过毛细管作用，把湖水生植物注入膜中（进入双面透明的塑料墙进行活性栽培）。

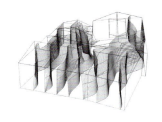

呼吸

位于Lido、Malamocco以及Chiogga这三条河的入海口处的威尼斯因湖泊而独特。水在刺激好奇心的同时也预示了失落。

这个项目不是关于水体净化的，对运河中因停滞藻类而产生的杂质的清洁显得过于理想化。取而代之的是对城市湖泊特征的运用。

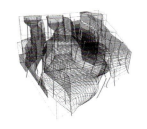

带着气味和残渣的液体被吸入一个海绿色的母体。咸水的气味、光谱和塑胶的增加引起大量的泡沫和湿气。

这个项目再现了沉淀和杂交的过程，同时复制了以前的工业类建筑（冷冻仓库）的表皮，再和这个城市中的原料、水和藻类的物质进行交换。

当代城市经常急于见证它的毁灭和再生。这里的进程更加不明确，更像是在历史留给我们的东西和它再生的突变之间进行代替或者遗传的杂交育种。

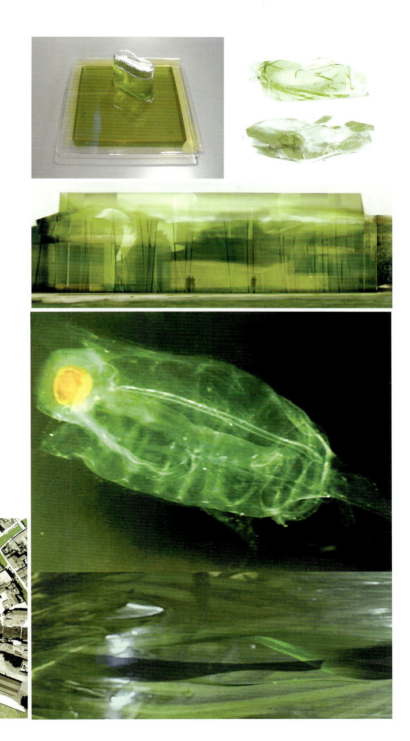

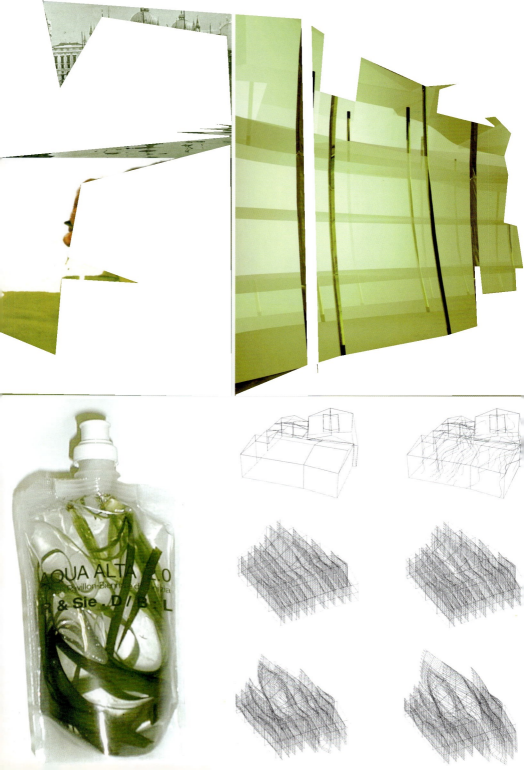

Scrambled Flat / Evolene, Switzerland

13 攀直
瑞士，埃沃莱纳

主题：

在瑞士的埃沃莱纳村庄中的农场建筑（450平方米）设计。
项目：三间各100平方米的公寓；一间能容纳12头母牛的120平方米的牛棚；400立方米的干草贮藏空间，33立方米的木材储藏空间和5立方米的蜂巢。

场景：

1）对传统居住区外延的数字化处理。
2）有机材料（干草和木材）的储藏。
3）在储藏空间之中，创造出人类的居住空间和动物的窝棚。
4）食物流和能量流的创立。
5）住在一个屋檐下的人类、奶牛和蜜蜂的集合体。

垂直

在埃沃莱纳，动物性被展示出来，并包围着这个由其组成的村庄。在这里，现代城市注重的民主逻辑从来没有占上风。相反，这里只有人与动物之间的亲近和共存、物种间的混杂以及使用上的混杂：在家中养殖蜜蜂、奶牛，仿佛进化论者的神话，"亢奋的"人类变化，牛的"哞哞"叫声和其粪便的冲洗器，肉墙、气味和异教徒的世界。

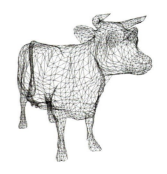

物流（营养上的、能量上的、游牧的、季节性的）的集合是可见的并且易于把握的。

这种城市主义允许交流上的可见性，就像他们在规划设计的颠覆中起到了作用一样：居民是蜜蜂，家庭中的架子和衣橱是木制的瑞士村舍样式，在住所之外，奶牛差不多就是居民。这种自给自足的和严酷的高纬度气候中的乡村经济已经发展成为一种生活方式，这种生活方式对节点和偶然性的复杂性进行了再利用。

城市成为了一个通灵的生命体，而不是任由卫生工作者的理想和他们的假设摆布的僵化的、标本化的代表。

为了将这些混合的进程和这些突变的机体引入这栋建筑的经营中，我们忍不住会释放潜力和开拓幻想（比如阿尔卑斯的牧场

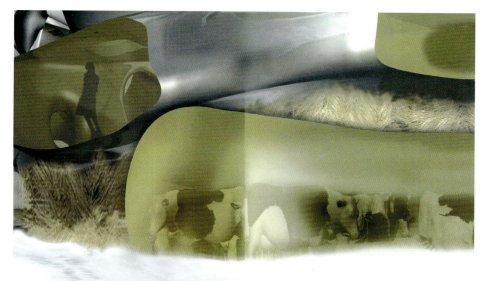

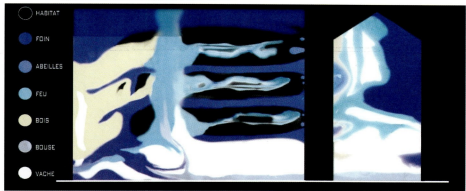

上的雪人、牧师和神父、生理上的痴呆症状等），仿佛他们是从最低级的蒙昧中开化出来的现象一样。

这个项目是对一系列变化——人类、动物、植物、地理和气候的再利用的产物。

具有相互影响的场地和独特的牧人小屋的埃沃莱纳在阿尔卑斯山多年来的掠夺之下幸存下来。现在，这种独特性在环境保护这种对物种保存的偏执的视野的背景之下被欧洲的同一性所威胁。这正是它自相矛盾的地方。

在几年间，这种人类和动物不可避免的联系以及有益的共存性和依赖性所构成的城市主义就将荡然无存。保留下来的只不过是一些贴着写有"遗产"的标签的建筑，它们毫无内容，只是被移动电话充斥着而已。

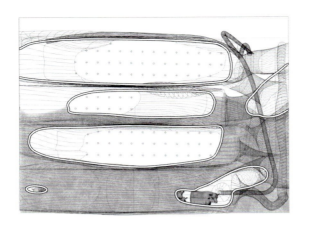
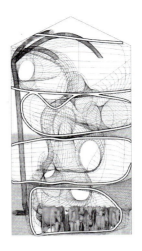

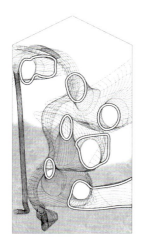
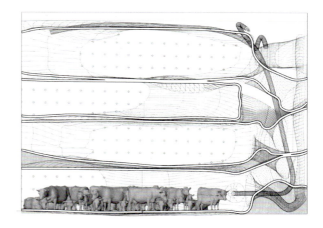

14 × 折叠

Folding / Sweto, South Africa

南非,斯维托

主题：
海克特·皮特森墓前纪念馆设计，设计结合了镇上的档案馆（展览大厅、档案、会议室、餐厅）和一块3公顷的景观用地。

场景：
1）灌木丛表面的起伏（被阳光炙烤着的高生植物保护着墓石以及它的破败景象）。
2）根据运动形态（基地）重构层次和格局。
3）灌木丛中显露出随意摆放的玻璃容器（对应当地常见的海运货柜装置）。

折叠
领域性碎片的起伏可以修正当地强烈的空旷感。
陆地和太阳炙烤之下的禾本科植物（灌木丛）的运动成为了保护溪谷中央的海克特·皮特森墓地的表面屏障。而同时它们也折叠和干扰了地下的功能层。

这个起伏是自然环境带来的优势，而不是简单地将这种城镇关系投射到一个进口的、殖民化的建筑上。那种做法比建筑项目更加具有破坏性。

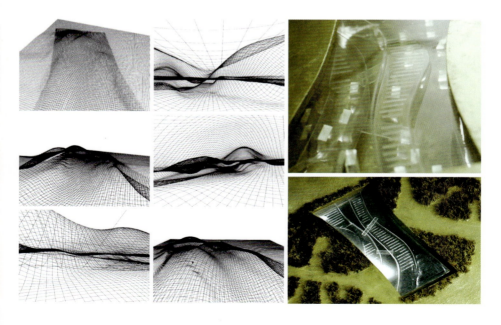

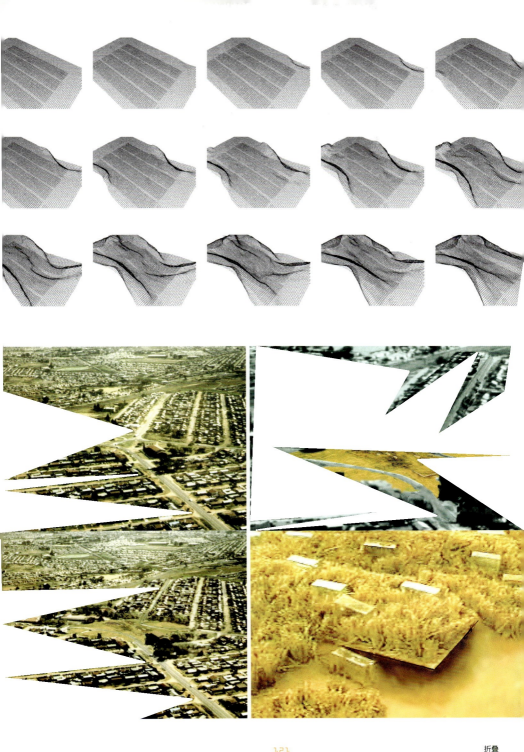

折叠

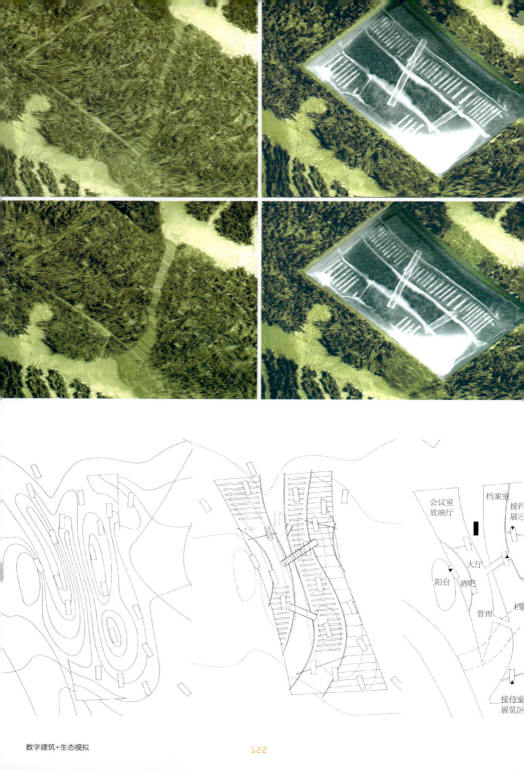

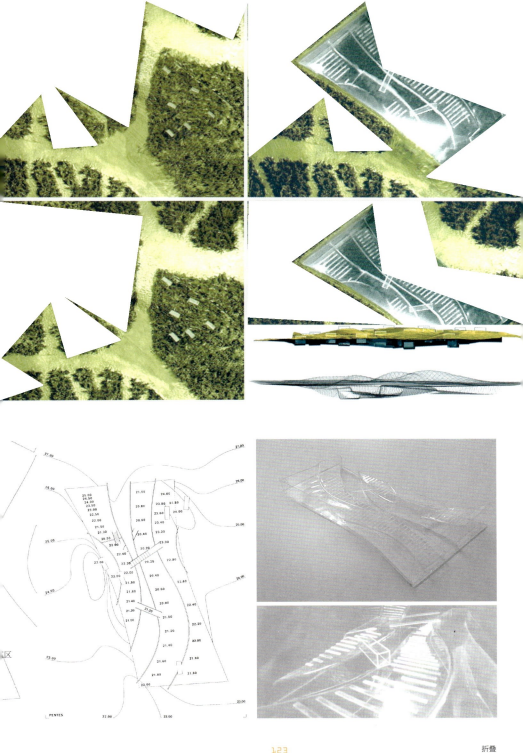

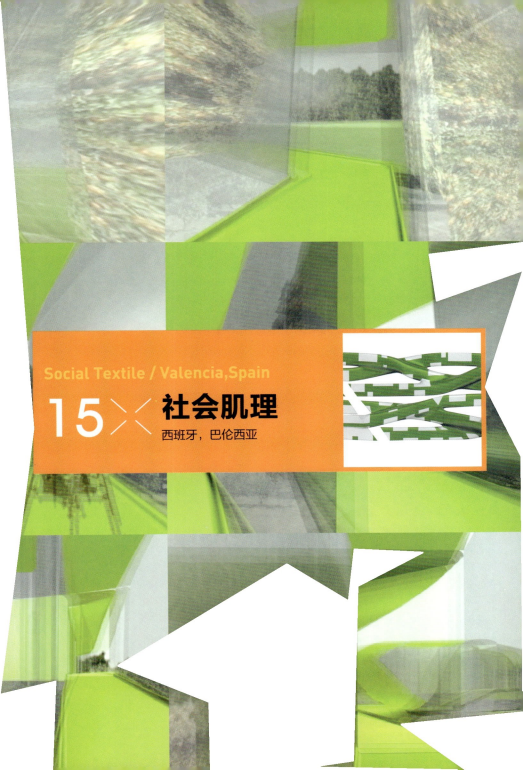

15 社会肌理

Social Textile / Valencia, Spain

西班牙，巴伦西亚

主题:

一座有30套公寓和一家夜总会的公共居住建筑(共同管理的)的设计,这栋建筑对残疾人随时随地直接开放(禁止左转)。

场景:

1)将人和自然完美地结合起来(共同管理橘子林)。
2)用一个倾斜的入口坡道来解决滑板和轮椅的出入。
3)在夜晚,伴随着《狂怒的机器》在耳边响起,夜总会开业。
4)考虑一下外面的立方体并且尝试一下,尤其当你在准备残奥会的时候。
5)在楼下喝喝西班牙橙汁而不是吸毒。

项目:

居住部分:5间工作室(28平方米),5间双室(35平方米),10间三室(42平方米),5间四室(52.5平方米),5间五室(70平方米)

电力供应:200平方米

夜总会:360平方米

建筑面积:4554平方米

占地面积:1440平方米

绿化率:65%

对一个复杂的居住地而言,居住是在与它和它自身外部世界之间进行使用和交换的界面。当你太执着地尝试去为退却提供条件时,即使有舒适的最新科技带来慰藉,你也会忘掉中间人的角色。建筑师必须使用在地区间设置联系的矫正手段去抵御信息技术带来的地域性消解。去掉自治的幻想,我们需要一个可充电的场所,在物质和冲突,以及个人、群体和环境的置换交流之间。如果居住建筑能自然地避免将社会契约凌驾于一个虚伪的空间关系上,那就足够了。

在社会肌理里,公共管理权被压缩成一个像园艺上的肌理一样棘手的混乱状态,像在所有的池塘中间的一条逃不掉的面条鱼一样,在公寓之间,成为类型学上的一种构成。像这个项目中的残疾人群不是一个优越感的借口,假装出来的怜悯,而是成为这个设计的理性基础。

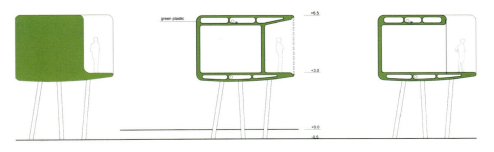
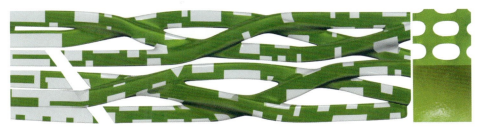

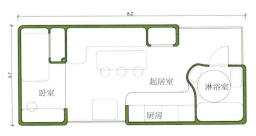
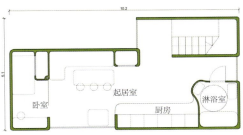

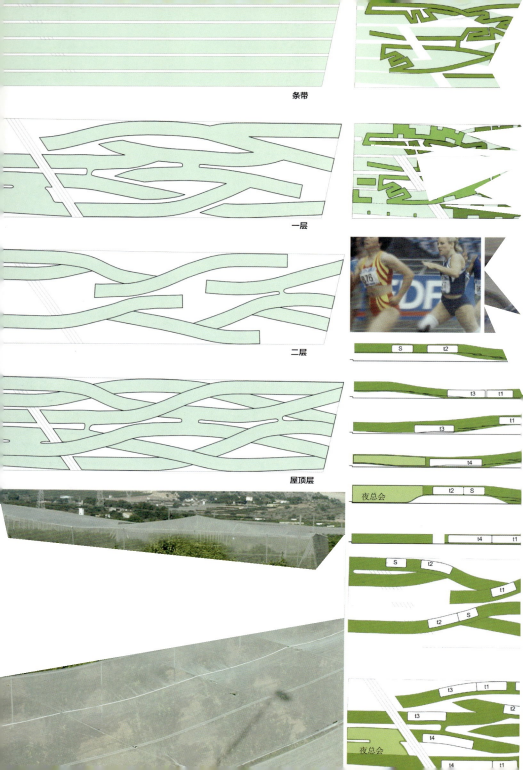

条带

一层

二层

屋顶层

16 膨冰

Ice Inflatable/Planet Mars, 2010

火星，2010年

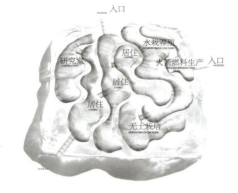

主题:

为殖民火星所做的结构设计,美国航空航天局(地球-博尔普莱单元,休斯敦)和未来之家展览(马尔默,瑞典),150平方米的样板间完成于2002年。

场景:

1)膨胀的栖息地是轻盈的交通工具(其表面的透明表皮可防止宇宙辐射)。
2)火星膨胀器。
3)从冻土带引出的饮用水(加热过程)。
4)膨胀器里充满了冻结的水。
5)太阳能和风保护。

Spilt the wood / Nimes, France

17

流木
法国，尼姆

主题:
一个森林空地上的私人住宅设计,这里没有任何关于它自身物理真实的再现。

场景:
1) 高密度的现有森林植被。
2) 劈开树木建造一个空地。
3) 用塑料网线缠绕树枝,在丛林中建造一个迷宫。
4) 包括一个450平方米的秘密建筑,在迷宫中堵塞、开放和连接。
5) 在它的中心有一个游泳池,迷失在一个"鸟笼般的森林里"。

Extrusion / Reunion Island

18 ✕ 喷涌
留尼汪岛（法属）

主题：

这座小住宅和艺术基地的设计位于喷发过的Salazie火山坑中央，这是岛上最湿润和最热的区域。

场景：

1）地表的岩浆形态（菠菜地）像皮下穿刺似的尖锐物。
2）以纯洁的秘密行动和食品建筑的形式构筑居住表面的内涵。

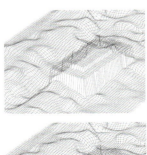

Contractions / Reunion Island

19 ✕ 收缩
留尼汪岛（法属）

主题:

在麦多——印度洋上的美第奇庄园途中——所设计的一栋艺术家工作室:展览空间,10间艺术家的工作室,一个3公顷的室外展示开放空间。

场景:

1)建筑位于有限的沼泽绿地内。
2)扭曲的几何形态通过地形上的收缩以树木种植的形式得以展开。
3)在新环境中引入一座秘密建筑。
4)建筑在树丛中的多重反射,像掠食者效果般的电影一样。

麦多

从大海通向2200米高的马菲特山顶峰的麦多路经过一个特殊的梯田状热带植被序列:从100米海拔的干燥草原开始,300米高处的蔗糖田地,500米高处的竹林峡谷,1000米处的桉树林、日本柳杉林、休耕的合欢含羞草田地,1200米高处的天竺葵和芦苇,1500米高处的罗望子林,金雀花盛开在山的顶峰。这条路提供了对大地的观察方式,然而同时也是对其破坏的帮凶。在马菲特山的半山腰上的1200米高处坐落着一块空旷地,建筑勾勒出了这块朝向天空的空旷的围合开敞空间,它的四周被日本柳杉、合欢含羞草所包围,边缘是清澈的溪谷。

空地的边界

展示空间和公共用地在树的周围随意地发展起来,而空地的边缘在一侧和它们连接起来。一堵庞大的清晰的反射塑料墙暗示着建筑的存在。日本柳杉树的树干贯穿于建筑之中,这样树木的生长就可以不被中止。

溪谷

艺术家的住所和工作室建在埋入树林的高跷柱上,它们的立面的塑料百叶窗反射出了合欢树的顶部。

花园

提-吉恩花园(由吉尔斯·克莱恩特设计的景观)在海拔1500米处的溪谷旁的入口处供应微型设施(自动售货机、服务台等),这也是马尔劳克斯庄园的扩展设施。

收缩

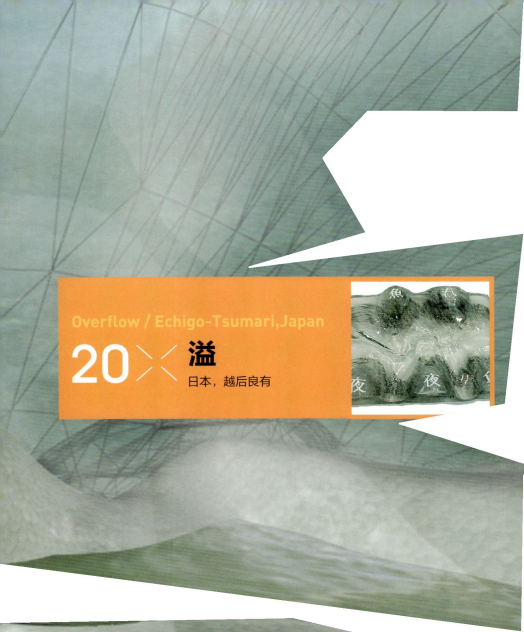

20 溢

Overflow / Echigo-Tsumari, Japan

日本，越后良有

主题：
为日本越后良有大地艺术节设计的在信浓河畔的一家旅行者中心（包括餐厅、旅店、热水浴室和鱼类养殖场）。

场景：
1）对释放出来的水和在河床中的波浪的数字化处理（水来自现有的堤坝中）。
2）依据波浪图像的分析，以产生这个设施的膨胀后的形状。
3）在室内外制造天然的水蒸气。
4）在废弃食物、鱼、无土栽培法以及餐厅之间引入一个生态循环圈。

由河流的驯化而产生的自然和工业化效应共同作用于这个领域，水力发电的利用使得边缘地带的调整也被限制了。

任何在没有被破坏的自然上的重新建构将会是荒谬且特别地和这些结构体的规模发生矛盾。同样的，在处理这个问题时，任何纯技术上的常识都意味着对仅存的景观序列绝对的破坏。这个河床是在历史上被过多的洪水和河流冲刷而形成的淤积层。这些周期性的洪水过后，留下来的只是由水电堤坝释放出的偶然的细小水流而形成的波纹。

这个设计建立在这些洪水的数字化图像之上，因此它的结构由这种湍流而生成。

波浪在溢出并通过河床时，也会像洪水一样带走和分流河床上遍布的鹅卵石。

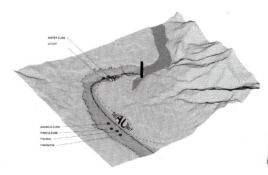 

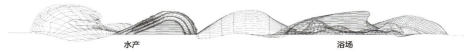

水产　　　　　　　　　　　浴场

R+2宾馆　　　　　R+2宾馆　　　　　餐馆

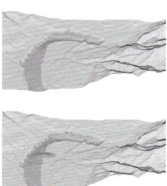
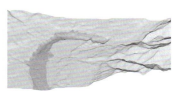
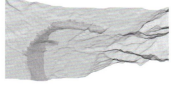

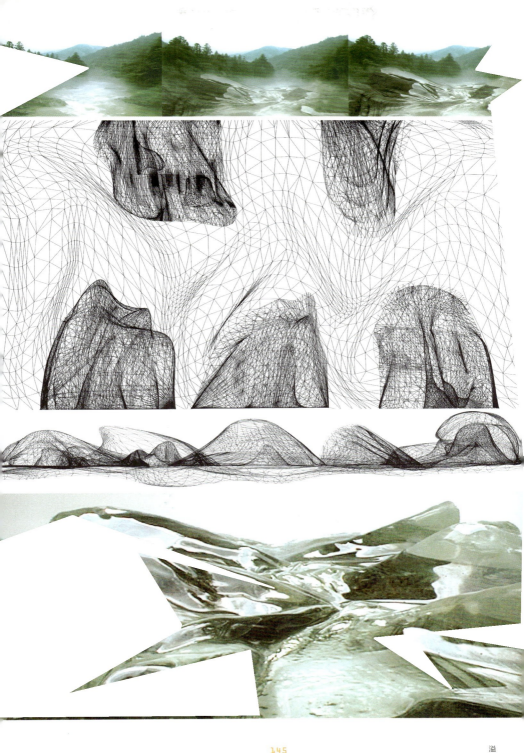

水流的湍急和凶险就像经过设计一样

21 ╳ 阴影&光线
Shadow & Light / Paris, France

法国,巴黎

主题:

巴黎塞纳河前的日本艺术基金会。

场景:

1)在神道教和Manga(日本动漫)之间的双生感觉。
—洞穴状的、黑暗的、柔软的、湿润的和感官上的,在这座建筑的一部分上可以嗅到蘑菇的味道。
—在建筑另一部分上是水晶一般的、冰冷的、明亮的、干燥的和科技的氛围。
2)对它的使用就像是一场对个人活力的领悟。

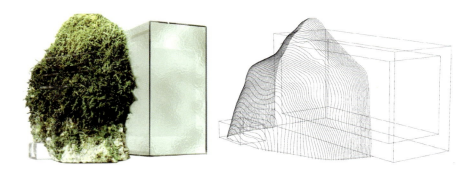

阴影&光线

22 ✕ 滋生
Growing up / Compiegne, France
法国，贡比涅

3

4

5

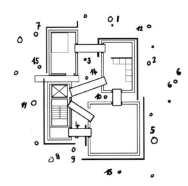

主题：

在一片山毛榉林的边界上为一位园艺家设计的250平方米的私人住宅，并以穿插钢筋的塑料墙建造在场地中的20棵树之间。

在没有永久性的保养、没有对任何一棵树进行常规的修剪和对它们的生长进行管理的情况下，这座房子会被树的生长崩塌和摧毁。

自然是一个有魅力的危险，而不是孩子们梦想中的原始森林的童话。

场景：

1）对三层高的"树木丛中的小木屋"的实现。
2）在房屋的附近和其间规划种植一片小型的枫树林。
3）树的生长和砍伐。

2

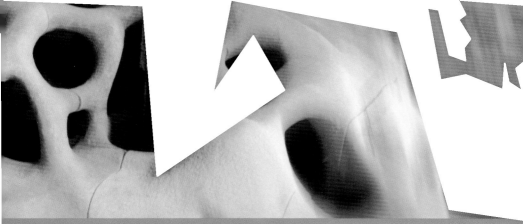
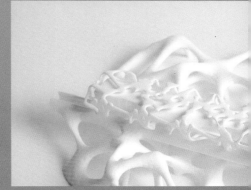

下篇

我听到点什么
I've Heard About...

我听到点什么 /
IntegraTM生命科学——对于"我听到点什么"的直率的建议 /
时间因子 /
催眠密室 /
邻里协议 /

我听到点什么

"我听到点什么"是只能通过多重的、异类的和矛盾性的特定场景建造的事物,某种甚至拒绝了任何与其相关的未来生长形式或是类型的可能性预测的事物,某种移植入现存组织的无形事物,某种在此时此地不需要节点来证明自己而是去欢迎一种沉溺于实时震动状态中的颤抖的存在。

紊乱的、缠绕的它或许是一座城市,抑或是一座城市的一部分。

它的居民是免疫的,因为他们同时是这个综合体的带菌者和保护者。它的内部交汇体验和形式的多样性被其机制外观上的简单性所支配。

都市形式不再取决于专制的决定或者少数人在紧急情况下的专有控制权,而是它的个体突发事件的综合效应。它在一种不间断的相互作用中同时包容前提、后果和所导致混乱的总体。

它的原则是在不利用记忆的情况下与场所本身保持同一性。

许多不同的激励因素为"我听到点什么"的出现贡献了力量,并且它们还在继续发挥着作用。它的存在不可避免地与一个盛大叙述的结尾、对于气候变化的客观认识、一种对于所有道德的怀疑(甚至生态上的)、社会现象的颤动以及更新民主机制的紧迫需要联系在一起。虚构是它在现实中的法则:你的眼睛所看到的是顺从于"我听到点什么"的都市状况实情。

现实世界中的道德法则和社会契约从我们身上榨取的东西是阻止了我们生活在那里,还是保护我们不被它侵犯?不,"我听到点什么"的邻里关系协议不能够抹煞存在于这个世界的风险。居民们从现在当中汲取生计,没有时间上的滞后。领域结构的形式直接从现在的时间当中汲取生计。

"我听到点什么"也是从痛苦和焦虑当中生成的。它不是一个防护威胁的遮蔽物,也不是一个绝缘的、孤立的地方,而是对于全部的事物开放。它是一个解放的区域,为了使我们能够保

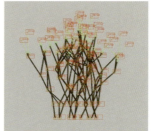

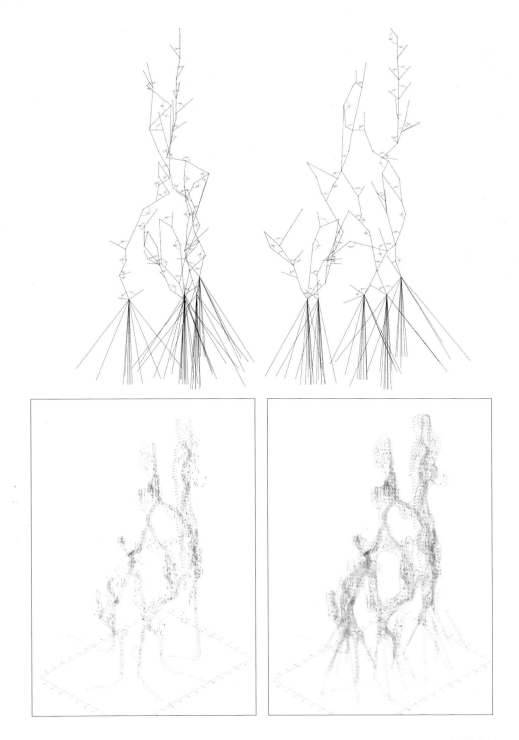

我听到点什么

持它的来源永远充满活力而产生，这样可以使我们能够总是与之一起生活并重新体验那种开始。

它由内凹和多节点的几何特征构造而成，生命形式被植入内部。其生长是人工合成的，不拥有任何混沌中或是自然中无形的东西。它基于生成现实材料和其演变的操作模式的一个非常真实的过程。公共氛围无处不在，就像一个被相互矛盾却又绝对真实的假定所驱动的有规律地跳动的有机体一样。流言与场景背负着它未来变化的种子与新领域中颤动的时间进行谈判。

我们不可能将"我听到点什么"所包含的所有元素命名出来，也不可能在总体上感知到它，因为它是属于多数的、群众的。只有部件可以从中抽取出来。当坚持那些预言性的伪装时，当寻求去保护一个虚伪的一致性时，世界会因为被理解而感到害怕。在"我听到点什么"当中，是一些并不存在于那里的东西定义了它，保证了它的可读性、它的社会上和领域上的脆弱性和它的不确定性。

面对摊开在眼前的一摞地图，布鲁姆先生已经不知道该做些什么了。似乎每件事情都很切近，却又仍然遥不可及。作为一名城市生态学家，他刚刚被调任至一个困难重重的岗位：他现在负责评估城市赘余物，衡量城市系统的僵硬度以及城市部件之间随机的挛缩变形、趋势和凝固点。他必须全心埋首于围绕着他的磷光现象和蜂窝状的气团之中，探索内部空间和外部空间的阈限区域。已经不存在需要探索的领域或是需要一个人投入的外部空间了，剩下的只有仿佛波动起伏的地势一般简单的有机体等待着人们去洞察。

他的工作的另一个特性是检验像书籍这样的时效性工艺品的相关性质。曾几何时，书籍被奉为亘古不变的载体。而今天，书籍的生命已经变得像阅读活动本身一样短暂。它已经在知识的实体领域中被空间化。读者们不再像一个被动的剧院观众一样去阅读一篇文章，而是将它作为一个具有漏洞的躯体沿着一个总是可以回溯的轨迹去一点一点地将其语言和思想时效化。词语不再是表情达意的工具，它们已经成为意念与词语本身同时存在的一个结合体。尽管如此，布鲁姆先生仍然难以领会这些在现今已经让位于错综复杂的事物的具有目的的居先性的范围，那些有时从下意识的空穴中片状脱落下来，有时却又从语义的监护之下解脱出来重新成为一个整体的语汇。但是为了能够彻底了解城市结合体的体制形态，他仍然必须试图去理解空间—时间中语汇韵律性的拓展。

但是从何处入手呢？他已经被选择来从事这项事业，因为他仍然是那些比起建立一个气泡巢穴更愿意竖起一面墙的人们——所谓的"悲剧性"的一代人中的一员。无论如何，还有什么事比生活在一个无穷无尽的移动洞穴里更好呢？他到底会用这些地图来做些什么呢？它们不再是绝对好的。他靠近那些地图，看到它们的表面被名字的针孔覆盖着，宛如昆虫学家所研究的那些蝴蝶的粉状躯体一样。"这些人已经完全沉迷在标记的所有东西当中了！"他对自己大声惊呼。

那对于他来说完全是背道而驰的。他更靠近地去观察那些地图。其中一些要回溯到世界的开端，而其他的简直只有不到几十年的历史。于是，他把握住了自己。时间不再用单位来计量，正如类似于空间的尺度性的工具——比如地图——也都已经消失了。通常他会完全被研究这些总量上令人产生心理强迫性的远古年代事物所困惑。领域被激进地制定出来，仿佛已经成为了一种习惯并且永远不会被投射，并分散到多重、

变量分析。毛性结构

我听到点什么

同时的时间框架中，现今这些奇异的表示方法到底好在何处？但是仍然，这些地图的图像从来没有停止散发出迷人的魅力，尤其是那些充满了"恒星般的群岛"。在这些地图的海域上航行就像"摆布所有可能的景观"一样。但是现今已经不存在任何景观了。景观是魔术师的戏法、静态场面和浸入迷惑视觉的浪漫叙述的人工画面。景观是智力活动的产物和现实的最高准则。过去它曾经是具有目的性的、可完美的和可宽恕的。现在，人们生活在"眼睛盲目地看"的地方，生活在一种不再是任何意义上的景观而是一个充满了蜂窝状小领域的星群之中。"谁不记得在他们还是一个孩子的时候，他们是怎样想象他们所躺的草地是一片迷你森林，其中拥挤着大群的居民和精灵？"

曾经伴随着这些地图的还有航行与征服。它们发挥了向导的作用，来限制领域的边界，发动战争；但是既然现在的生活环境是不断变化的，它们就失去了原有的作用。布鲁姆先生曾经阅读过一些循着地图找到城市和乌托邦的故事。地图同时也是空间的叙事和向量，但是它们也同样造成了不可挽回的停滞，那里的过去和现在趋于平静。

他还记得那些完美地排列在一起的几何形状——同心的、内嵌的甚至月牙状的，表明了从每样东西上割划出的城市和国家。在轮廓的中央总是存在着一大片暴露出来的中空部分，使任何的逃脱都不可能实现。幸运的是，这些东西都已经不再存在了！地图陷入了一种对于领域凶残的刚性控制当中。事实上，他们的板块平面已经逐渐地被领域性的结节所侵袭，其中交错的影响来源于社交活动的兴起。

现在最为重要的不是存在而是成为"能够被影响的"。"主题不再存在，只有个人化的情绪状态以一种不知名的力量存在。这里规划没有将除了运动和停歇以外的任何东西细化，动态的情绪负担是：规划将会一点一点地被感知到它让人们感知的东西。"这些节点几乎不能被理解，同时也不易被描述，因为它们是过程性的，是躯体的生长与潜在意识结合的结果……神秘的城市躯体从来都不是稳固的，而是充斥着令人迷惑的洞穴，不断地吸收与排斥永恒运动着的元素，比如空气、光、热量、能量和信息……这些"令人迷惑的躯体"，像有分歧的构成一样不停运动的状态，是他作为一个生态学家被迫去研究的。它们的运行模式取决于它们怎样逐渐地被感知。不再存在任何形式，只有丛生的力量；不再存在生命或居住者，只有密集的区域中的演员。"密集性仅仅能够在它与自身躯体上机动的记号的关系之中被体验到。"没有什么能够留下烙印，因为不再有什么是可以类推的，也不再存在方向，只有回旋，多重轨迹的脆弱泡沫……生命已经成为"在不断变化以至看起来总是在不同的世界中无止境的航行"。并且这个世界被看作是一种"空间中固定不动，而在空气中动起来的虚幻形式的活动性：一个在可能的旁观者进入一个现在事实上的存在中之前，那过去的或许已停止，不再演化为现在。"。

布鲁姆先生记得曾经读过一本加斯顿·波尼哀（Gaston Bonnier）的著作《生物序列》，这本著作影响了20世纪最为著名的建筑师。

他也观察到受到影响的躯体行为并不是被动的，而是出于一种恰当的、个体上的，同时又是可居住的有机体新陈代谢的反应性状态的一部分。它们属于一个认知的蜂房，其隐匿的多个表面都重新制造了一种永动的空间性。"物质看起来是一种永恒的流动过程；在每一个动作实施时，我们感知我们的每一个动作的分解，并且我们不再试图看清总是令人逃避的未来。"布鲁姆先生注解道。建设一个城市的结构是一项终止存在的任务，因为现在所有的形式都已经什么都不是了，变成了一种"变化的瞬间掠影"。布鲁姆先生的工作就是在一个给定的瞬间里感知"一个同时存在的时空总体"，由于过去的同步性已经不剩下什么了。他按照步骤进行试验，努力来证实它们的可行性，因为城市的涌现过于突然，在必要的时候会根据可能的情况消减它们。在任何的层次上，其要点是"保持未被定位的状态"。有时候，他情不自禁地思考居民的草案条例，将规定的三个层次（地面层、地窖、顶楼）看成一种悲剧世界的苏醒。既然由定义上看每个生物结构都是有浸透性的，一切的生长都是模糊的，同任何意向性相分离的，一种"无形的复调音乐持续地展开"，对他来说这样的条款似乎是家庭在形而上学意义上的残余证明，也是灵魂在暗处的庇护所。通过在本能、自我以及超我三个层次上追踪那些过去的轨迹，某些居民正不可抗拒地扰乱这些法则。他们憋足气，清空组织结构，为了从他们禁锢在星际引力下的细胞情绪中解脱出来，这些细胞不具有门窗，不再有能打开的记忆抽屉，只有空隙性在每一个瞬间不断变化着的薄壳、厚度和外貌。

细胞们不再闭合来将自己保护起来而不受到外界的伤害。"当你谈到内部空间和外部空间的时候，你正在不知不觉中创造了一种桎梏。"现在，"可居住的网络，交织的空间"，一种不断重新配置的可居住有机体的脱落物，其弹性是生理上的而并非心理上的。在某些地方，将"空间不断压缩以至于不能再被渗透"的问题密集化是非常重要的。多重性在这种"交汇的世界"中像随机漂流的珊瑚虫一样增生扩散。由此，布鲁姆先生回忆起曾经发现，在他始于悲惨年代的图书馆的卷册当中，一本于1605年在法国出版的名为《雌雄同体的岛》的书——当时所谓的畅销书，一本有关一种定义在过去与未来之间且没有清晰地点的"雌雄同体"的社会的投机虚构小说。在这里，受影响的躯体的功能定义仍然是模糊的，每一个都受控于意志。原本是一个行动的大致轮廓，事实上却变成了目的性的缺乏。由于人的细胞从来都不先于人对它们的感觉存在，那些诸如"住宅"之类的事物就都不存在了。于是，我们不可能去想象一种在知觉的重重森林中"感知上无形"的场所。地理再也不是理性知识的基础而变成了"惯常影响"的一个瞬间。在布鲁姆先生的调查之中，他也发现了很久以前的一位建筑师写下的一条注释："我们试图重新解释一条从后工业世界通向一个反身的信息社会的路径——那样的社会里，人人在一个多节的社会体中航行，集体的移情作用代替了个人化的社会关联。"于是对于可度量世界所采取的学术性掠夺行为就必须为都市凝固物的不可预测性让路，成为一个"不断沉淀与生物性生长的过程"。躯体，曾经是一种度量工具，被糅合进内部与外部空间相互交叠的有机性枝条当中。多重空间性被包裹进其自身，并且总是处于一种形成的过程当中。一种经验上来说适于耕种的地形已经代替了围合、可靠性与永恒性等戒律以及思想中坏死的因子。

写作不只是智力的范畴上，同时也是心理范畴上的一种由运动生成的一般过程。布鲁姆先生曾经于骑在驴背上的时候阅读过一位名为Erasmus的年代久远的哲学家的一本叫做《歌颂愚蠢》的著作。动机与写作在过去是相互交叠的，但在这里是与另外一些事物有关的：从秘密隐居的官能慰藉中显现出了像漂浮着的能量袋一样的著述的片断。有时它们会被星形的绝壁困住，或者在生成可居性有机体的过程中被混淆在拓扑学的沙丘里。大体上讲，遣词造句使自身容纳在一种语义云团的潮湿的结晶体之中，或者在一种运算坑道的干燥的硬块中。就这样，两种气氛和规则都成为了生物性结构的建造性影响的一部分。文本的泡沫和算术的纹理混合在正浮现的领域上，在其裂缝和海绵状的开口当中。没有人拥有它们——事实上，词语

变量分析。毛性结构

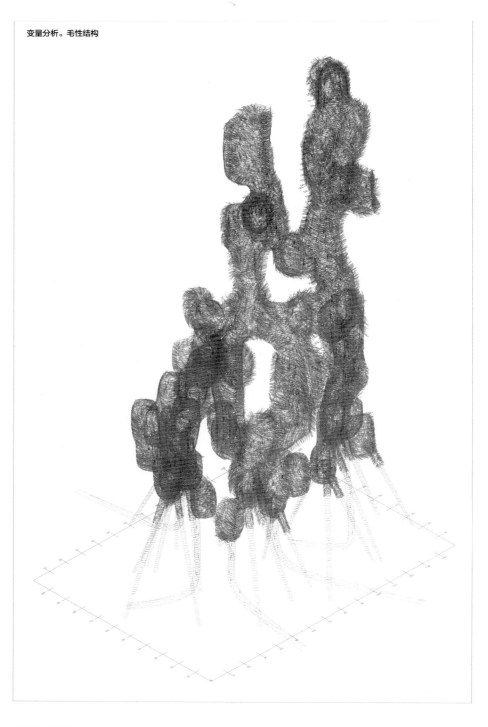

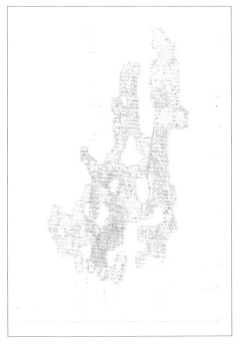
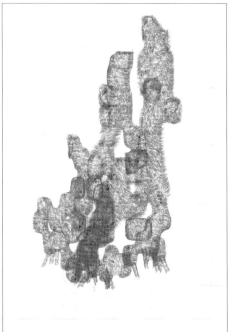

的性质并不存在,就像布鲁姆先生所注意到的那样。在古代的术语学中包括了像本质、物质、出现和终结这样的词语,而今天的术语包含着物质的实体。它们自身是偶然性的,混合本源的。像不断的都市试验一样,它们是不确定的,总是不带有固定的形式和可定义的涵义。它们在空间和时间当中的线性路线,才是在任何给定的时刻下给予它们一种始终保持临时性意义的可以理解的固有意义。

既然这是一个过程性的引导,运转就成为了一种系统发生的过程。这被称为"新陈代谢",同时又是"生成与损坏,发展和退化"。它由物质的转换构成,或者甚至是转换中最为完美的原质。这种原质的魅力为有机体的动作和居住生成了一种汇合。"内在的效能",这种运转是一个物质化的过程,同时也是原料和变化的原动力,它使每个人与每个事物都来"与转换保持一致"。"每个改变的事物都被某种事物改变成为另一种事物。"材料释放出的冲击力影响了原质中的有机性转换,于是生物结构的运转便构成了一种同时是潜在的和变迁的空间。

布鲁姆先生走进了一个梦中"经常性脱轨"的样式特性的细胞操作过程。一个人发现自己在这里的同时也在那里。他所赋予的主观性已经形成了一种回响着混杂的空间与时间的迁移性的凝结物。他在大量的积滞的阴影下叹息,并毅然决然地投入都市愈合的不连续波动冒险中。

玛丽·安格·博雅尔

催眠室
参照邻里协议、过程、和关于催眠术的定义和阐释。

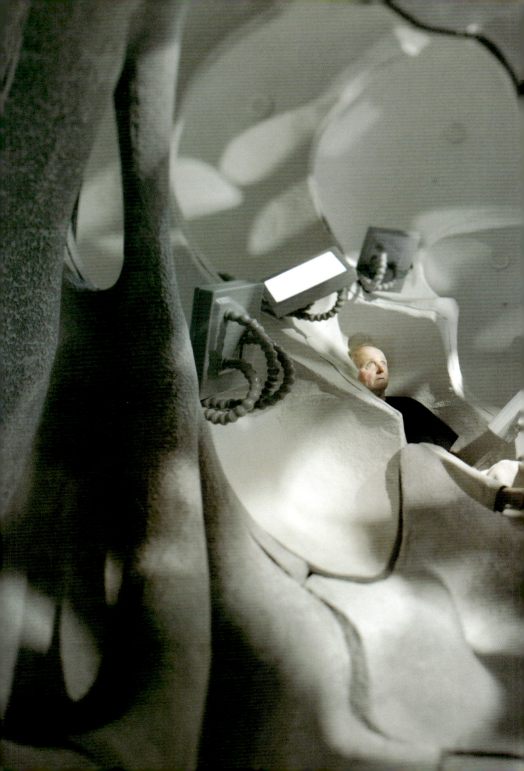

催眠室。传译期间的内部

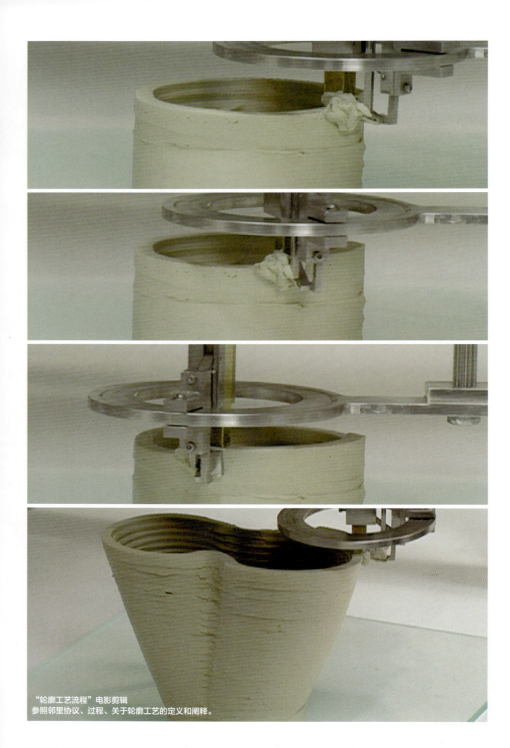

"轮廓工艺流程"电影剪辑
参照邻里协议、过程、关于轮廓工艺的定义和阐释。

催眠室外观

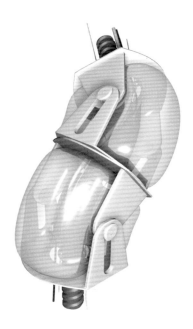

运动、分泌头和关节臂
参照领域协议、过程、关于Viab的定义和阐释。

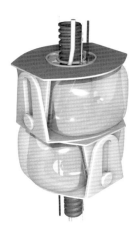

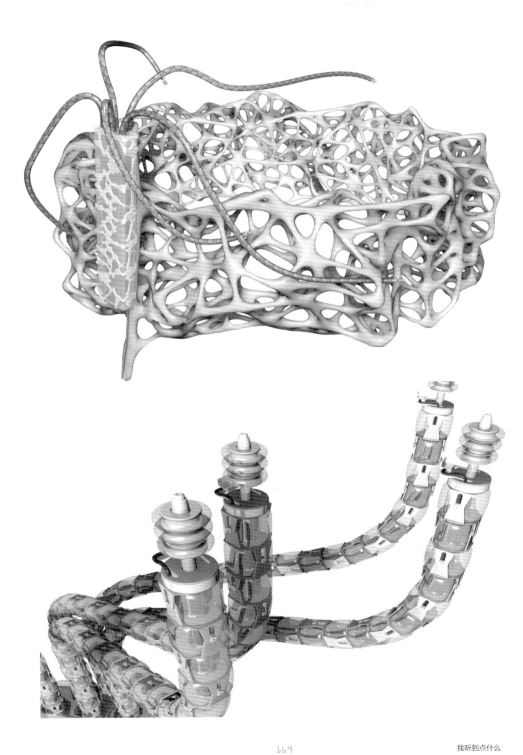

IntegraTM生命科学
——对于"我听到点什么"的直率的建议

"我希望成为仿佛是新生的、对于欧洲绝对无知的人。"（保罗·克利）

"大多数人的眼睛都被一张又一张的手帕牢牢地束缚住了，并且将他们自身附属于这些观点性社群中的某个。这样的一致性使他们在少数细节上不会出现错误，但又是另一些谎言的作者，并在整体的细节上产生了错误。他们所谓的真理并非那么真实。他们的"2"并非真实的两个，他们所谓的"4"也不是真实的四；因此他们所说的每一个词都会使我们气恼，因为我们知道他们是错误的，却又不知道应该从哪里开始纠正他们。"（拉尔夫·瓦尔多·埃默生，《自我信任》）

批评性注释在很久以前就已经成为了一种泛滥的演说技巧。"作为一个批评家，小心你每月所吸的那些味道。"无论如何，我很高兴来使用这种批判的形式，至少扩展开来说，牵涉到"我听到点什么"，尤其是自从我开始作为一名建筑师而非一名批评家进行写作。于是，这件事情的意义就不只在于制造一种这样的注释，而是在一种所谓的"综合性"的环境当中，对"我听到点什么"所暗示的技术的角色和其中立的性质去做一些附加性的评论，这样的评论还应该包括当代都市主义和政治的坍塌。因此，当我提到"我听到点什么"的思维是这样的或者那样的时候，我的意思是"我听到点什么"从逻辑上来说是引导向这个或者那个，或者"我听到点什么"就只是一个被其自身条件所扼杀的都市乌托邦式的主张，但是实际上我们并没有这么认为。

毋庸置疑，"我听到点什么"不是一个都市方案，从道德角度讲，在不考虑"小心城市社会改良家"这句名言的情况下构思城市规划方案是不可能的。从另一个角度，将它与欧洲中心文化联系起来看看，"我听到点什么"不是一个都市方案，因为事实上的都市主义从来没有真正地存在过。我们所拥有的只是一种"意味着去整合人类的技术综合性……这些技术被愚蠢的人纯洁地使用了或是被警察有意地挥霍掉了"（尽管后来者已经消失，但是前者，普遍意义上的贫穷——我想说"文体上的匮乏"——那些永远的市郊和都市扩容的改革家们，是"谁在谈论城市规划的权力"的同时又在寻求"以隐藏事实的真相来使用城市规划的权力"，并坚持宣称过错在于警察们，不是他们——而是自从"权力"本身消失以后，他们所演绎的都市主义仅仅是它们自己的想法而已）。因此，"我听到点什么"并不是关于"良好的状态"或是好的城市好的生活的探索。它简单地只是一种智慧思索导致的有关我们环境的自然性质的行动。这种思索是整体的而并非只是空间的，空间性仅仅是众多元素之一。由此，就像新都市主义的对立面一样，"我听到点什么"也通过可接受的标准、抽象电子原则、自我辨识式社区、志愿转让、装载与协议来对自身进行定义。最后，"我听到点什么"并没有被推到极致，它综合了对于新都市主义最为有利的每一部分，而拒绝了它本身民族主义和共和主义的时代错误。此外，"我听到点什么"不是一个政治性的项目，而是一个对于后政治的社会的思索，对于一个被政治家们吵得喧闹，有着虚伪、幻想以及言过其实的各种紧急事件，以及对于它们的一种盲目的爱心的人将会消失的社会的思索。"我听到点什么"不是一个批判性的否定，而是一个积极的建议，对于那些感到"他们所拥有的力量将会带来好处，将会为他们自己做些什么的人"，那些认为"创造可以更为精致优雅"的人们，他们的满意能够"如音乐般悦耳"，人们会停止"用他们的对于窘困的叫喊来填满这个世界，因此结果往往填满的是他们的窘困感"。于是"我听到点什么"在加利福尼亚的层面上是酷的，而不是文字的层面上，是后批判层面上的而不是新纪元的层面上的。这是一种关于温室气候的思考。这时我们很难说出它到底定位于"California über alles"（已逝的肯尼迪）与"整个世界只是一个大加利福尼亚州"（海滩男孩）所表现的两种形式的激进现实主义之间的何处，我们至少可以合理地认为整件事情发生在欧洲以外的地方。于是，在任何几率下，"我听到点什么"融合了一种加利福尼亚的"精确的呼吸"：生活是一种技术性的个人主义。

它整合和制造了一种个人生活的家庭自造的基本原则。这种家庭制造与生产方法有一点点关系，而它更多的是留存在实践者心中的不可缺少的一种正面的实验元素。对于"我听到点什么"，这种修补是一种哲学上的经验主义，一种毫无疑问地将自己与浪漫的"将Castorama（一种装配家具店）作为特惠政策，回到与最为无限制的自我建设"区分开来的经验主义。

它引出并夸大了这一事实：自我建设总是意味着对于他人环境的转变——在那些自认为他们的知识和设备促进了每次转变的自然技术学者看来，对于"我听到点什么"的"生物居民们"来说更是如此。事实上，"我听到点什么"最为重要的一点就是被告知（由于信息化的，总是以过去只有研究者胜任的方式来应对这个世界的人口数目上的增长，世界的转变开始变得非常激进和迅速）。这已经被一个总是将空闲时间花费在创造无刺蜜蜂上潜在的生物居民证实了："当你被告知，你就不需要过多地去涉及基因工程。一个工作台，一些不漏水的容器，少量常见的化学药品与细菌培养就已足够。当然在这个蜜蜂的案例当中，你会需要一些DNA。解码是一项只花费25美元的非常惯常的自动化操作。结果通过网络直接传送到我的电脑上。我所需要做的仅仅是运行我的生物软件来解释它们。"知识与工具头脑之间的合作关系到底在哪里？没有人真正知道。或许"很快，青少年们将会完全自由地在人类基因组中冲浪，谁知道他们会发现些什么呢……一群在网络上游荡的孩子比那些高层知识人群和官僚主义项目更可以使知识进化加快"。"我听到点什么"现在到底在把我们带向哪里？只有上帝知道这些增长的模型到底意味着什么。另一个方面，我们现在可以对某些确定性作出什么论断？"我听到点什么"所告诉我们的有以下方面：以刚刚所提到的方式来运用技术并不带有颠覆的传奇式色彩，而是带有一种知识转变的科学色彩。不仅仅是经济标准使所有的高科技事实上不可避免地变成了一种"低技术"，也不仅仅是所有的道德准则使今天难以忍受的人工事物同样不可避免地变成了未来自然和惯常的事物，而是某些精确的科学标准与电脑和数码技术的特性的联系——意味着在每个具体领域的进步几乎最后总是成为另一个领域的进步。如果"我听到点什么"不是一个乌托邦的话，那么就是知识不以任何人的意愿为转移，这种不可避免的转变使乌托邦式的技术从定义上来看完全无用了。如果"我听到点什么"是一个技术个人主义的案例，那是因为技术的整个意义已经成为了将会传达给你的东西。因此，技术性的个人主义能够自动地、合乎方法论地丰富个人主义的意义。

"我听到点什么"将家庭养成的自我生活作为一种基础原则，并且在机器与机器之间，从机器到自然以及从自然到机器作出一种原则性的传送。Viab——一种由Behrokh Khoshnevis(通过用蜡状喷射技术很快地建立起原型的机器模型的技术)建立的自我建设的机器人和计算机，激进化地建立了一种全新的建设范例，这种创新使用其自身的技术创造媒介，在每个个体与其建筑性环境之间的紧密联系之中，通过机械（仿生学的）的创造和重新建立，含蓄地构造出了生物模型。Viab并不是一种与可能的批判性存在相关的背道而驰的技术；它是我们自己的概念在一种技术形式中客观化的结果。这里的技术是一种征兆，因此这种技术的批判性总是出现得太晚——从概念的层面上来说批判性应当预先被提出。我们可以进一步地不带任何讽刺意义地提出，有关"我听到点什么"未来的批判家们，那些因为其对于技术不切实际的运用而责备它的人，正是那些以根本不存在的现实（他们所能看到的唯一的现实只能存在于历史之中）之名去拒绝概念性建筑和概念性批判的人。但是需要指出的是： 1）"我听到点什么"事实上是一个相当现实的方案。2)并不是每个把自己称为现实主义者的人都真的是一个现实主义者。技术，因为它不断地以更高的速度影响着新的传输方式，也逐渐被一般化。事实上，这种趋向总是存在的，尽管它曾有一段时间被空间性的平行性潮流所掩盖。因此将普遍化与特殊化断开是错误的（特殊化总是通过详细性而非特异性发生），就像我们总是错误地忽略在一个完全不同的范围——道德——之中，"量身订制"的道德准则总是与大众统计中的道德准则相安无事，就像不断被战争这样的特殊性条件所证实的那样。

于是，尽管建筑有某些特殊的约束，我们仍旧可以合乎逻辑地将Viab作为一种建造技术介绍出来，因为并不存在不可超越的原则上的不同。在其开端（一种认为能够自动识别古代学科文化的观点），使用Viab来承担建筑学的发展看起来似乎是不自然的。但是相反地，对于我来说没有东西能够比它更为自然。我们所说的自然的东西只是一种标准而已，这种标准在诸如人类生殖学的其他领域是相当清晰的：荡妇被技术化的时尚所支配，她解释说，"不过是一个注射器。"

对于动物繁殖也是一样的："现在没有什么比人工授精更为自然的了。"事实上，95%的奶牛就是经过人工授精的。"我听到点什么"之中技术的植入，比如说Viab的仿生学，在当代技术框架之下发生，就像软件是由各部分构成的，与"动物与人的不同"也没有什么不同。由于"我听到点什么"的特质似乎"至少现在看起来"，"更多地关注了形态学和拓扑学上一种由于人的室内空间尺度造成的外部表皮或是壳体的转化"，我们更愿意说从建筑的角度上看"我听到点什么"的特性是一种识别性的完全缺失。我们可以说"我听到点什么"能够这样总结：一个对于技术和生命科学的融合应用的分析性思考。

"我听到点什么"不是一个城市规划项目，而是一个积极的、具有正面意义的启发性推想。这种推想与每一个现在的居民或是未来的生物居民所进行的自我测试相关：环境不能够被城市或其标志的物质性结构所简化；它同时也包括了生物学免疫系统和关系、智慧以及文化环境。进一步讲，如果事情不是这样的话，我们如何来解释像Eurodeur/Biorodeur议会对从嗅觉和感官市场到电子鼻以及其新产品应用方面的最新发展表现的关注？这种关注的态度显示了他们对于空气质量标准化的支持。所有的这一切都处于下列前提之下："基于无定型的微小合成物的新的光催化产品的可行性研究。"于是，"我听到点什么"并不是常规意义上的城市规划，也不是常规意义上对于城市规划的批判。它是一系列技术（对于由微小颗粒组成的气体的运用，以化学性的积累为媒介的Viab和居民的关系的运用）具体的、积极的综合体，是一种对于C.尼科夫于1930年进行的对于莫斯科外围的绿城进行的规划的重新唤起，即使历史学家和建筑师没有能够从俄罗斯人的"多重参数"规划当中注意到除了独立元素以外的其他东西——这也是使他的整个方案土崩瓦解的因由。今天的历史过多地倾向于M.金斯堡而不是尼科夫。类似地，使用情境决定行为论的语言来说，首先汉斯·霍莱茵建立了"分体电力供应"的建筑学药丸，而Archgram（建筑电讯派）则建立了其自身的连通性。当20世纪六七十年代的新前卫运动重新审视这个俄罗斯人的方案时——其中预见了像"空气在特殊密室里以大气层的方式纯化、浓缩或充实的装备实验室的出现，在其中由专家编译的音乐可以使人保持深度的睡眠";以及一个"人类外形变化中心"在城市中心的设立,他们不再对独立的技术以外的东西感到困惑(或许除了超级工作室)。但是"我听到点什么"并不是关于规划的——它是对于尼科夫在全球性试验保证下的完全个人试验的回归,因而游离于规划之外。那种全球性的试验在"我听到点什么"之中以许多形式存在着。首先是生长的模型和模型的生长性质之间的极大联系,因为没有模型是稳定的,或是占有先机的(尽管我们需要一个算法模型来使Viab变为可移动的)。其次是作为"生理性信息分享"语汇形式的基本原则的交互作用。再次正如我们所看到的,是与当代技术的技能本质的传输影响联系在一起的。

"我听到点什么"所作的推想关注了我们环境的全球性特征和其经历——它是以循环中的数据为基础的多种元素,多样化的交通形式、知识网络、电子科学和电子试验室的生产格局,以及传递到空气和海洋中的污染和"生物性支持"的不断交汇。"我听到点什么"不是一个功能主义者的方案。它缺乏邻居、工厂、办公室、商店和居住区。事实上,它没有类似于以上任何一个事物的成分,因为这些事物之间的差别已经不再存在了——除了在那些不知道现在为何时的人们的脑中。邻里已经成为了一个人们同意分享的联合在"生物性结构"上的虚拟社区。随着当代制造业语言化的转变,工厂已成为了计算机的网络化生产。办公室变成了Soho,商店不再被放置在街道上或是购物中心中,而是变成了一种巧妙地将虚拟橱窗购物与纯粹的后勤、软件、回收纸板、包裹邮寄追踪和GPS结合起来的混合体。而对于"寄宿",在细胞的形式上,这是整个实验在生活方式上的基础,不仅在一种抽象的路德维西·卡尔·希尔博斯埃默尔(Hilberseimer)式的方式上,而且更是一种矶崎新(Isosaki)的活力论精髓上的和技术主义上的衡量。因而似乎"我听到点什么"是我们在很长一段时间内看到的最好的资本主义者的思考范例之一。没有哀叹,也没有"对社会孩子气的批判",没有个人主义者的原始主义,没有对于手工艺的崇拜,没有对于废旧材料病态的建筑性回收,更不要说对于已建成的环境的丑陋的责骂。这个作品只是一个对于机器在证券市场上的思考的成功(由此也是我们自己的概念上的成功)。对于购物,就像今天社会中所有的活动一样,且不论外表的话,它已经消失了,已经到达一种每个人都能买卖"感官的奢侈品"的完备状态。机能主义的"我听到点什么"——并不是反机能主义的——如此将我们从一系列本质上是愚蠢的守旧派建筑和艺术当中解救出来,因为这种思考当中已经不存在艺术了,只有全球性的工业文化。在这方面追随着尼科夫,"我听到点什么"也追随晚一点的康斯坦特(Constant Nieuwenhuys)的激进实验,后者声称"机器是一种对于每个人来说都不可或缺的工具,甚至艺术家,而工业是满足当今世界人性需要的唯一方法,甚至是美学上的需要"。对于"我听到点什么"来说,即使是对于康斯坦特来说,科学的和工业的现实不是"一个问题",而是"不能够被以免责性去忽视的现实"。

不同于新都市主义,"我听到点什么"是一场关于现实的"庆祝"。一个人或许会因为,我们的技术文明仍然偶然性地与DIY联系在一起——就像我们已经看到的那样,而反对地面上的庆祝,但是新的东西是这种DIY,从来没有离手工艺阶段这么遥远,同时又这么积极接近的层面。在同一个圈子中,那些知道的人与那些能够轻易战胜困难的人之间从来就没有距离。从来没有深深的鸿沟将智慧的地方主义从都市中分割开来,都市主义者的观点与大城市的辩论对于我们来说从来就没有像在Plourin-les-morlaix的面包店里所无意中听到的那样:"下雨与Petit-bourgeois Dchatter的好天气。"他们从来就没有在信奉科学的个体人的耳朵里显得这么腐坏。寻求聆听一种不同的音乐,"一种好的音乐",或者"飘浮的音乐",

"我听到点什么"没有去考虑机器,它是在使用它们。为了听到那些新的声音,它也避免了一种对于现今社会病态状况的社会医学性的批判。最后,为了听到其他语言,"我听到点什么"召唤了一种群体的"积极的野蛮",因此在每种"屏障"的表面,新的野蛮主义都是"看不到任何永恒的东西"的,"但正是由于这个特殊的原因,路却能随处可见"。此外,"由于他在各处都能发现路的存在,他总是能在十字路口上摆正自己的位置。永远不可能知道接下来会发生什么。他将存在的东西化为碎片,并不是以碎片的名义,而是因为引领他走过那些碎片的路"。

但是,如果不是一个被建造性瓦砾无边的堆积充斥了的广阔的全球性市郊在迎合所有的这些权威性的生产,以及对于欺骗性的同一主义全球都市和被股票市场塌毁的"通行权"以及林荫大道剧院的景象的判断,"我听到点什么"会是什么呢?如果不是无边的三维空间图像中大量的节点和方位的累积(一个骨头与关节的集合体),"我听到点什么"又是什么呢?一幅毫不抽象反而看上去更像一条在空间上具有很多内鞘的地毯,一条结合了环境当中所有状况的地毯,太多的状况以至于它本身也成为了环境。由此,"我听到点什么"的连续增长的扩充和节奏,以及其可能性都不应该被想象成为一个城市规划的监控、"指导"、建造定位和基本工艺的一部分,而应当是像始于1955年的传诵现代主义"坏孩子"的丛林那样:事实上不再有任何城市存在,世界变成了一个大森林。那就是为什么我们要在丛林中争取我们的生机,并且我们这样也可以生活得很好。也许我们应该把配备了GPS技术的Viab空间轨迹想象为离真实的"毛毛虫"的活动形态很近似的东西,一个这些昆虫的繁殖场所,就像一种上层(建筑性)文化,以及最终就像已经出现在我们眼前的一个高度理性化的内部结构一样。这里"任何有足够的钱购买一个电动鸡装(chicken outfit)的人都能够加入商业的行列。家禽工业是集成性的,在一个无边的建筑地板层(平均为1500平方米)上,被饲养的小鸟们成了永不停止移动的地毯"。

菲利普·摩尔

时间因子

1921年，维也纳建筑师阿道夫·鲁斯在题为"学会居住"的论文中，从教育方法的知识和技能传播这一角度审视了居住条件倒退的问题，"每个城市都居得其所"，他强调道。这种一贯性从两种居住观念的对比分析开始。一种是人造的"波特金村庄"，另外一种是他用以下词汇所描述的具有工业化的和修补可能的城市："相反的是，每个物体都是立即被聚集在家庭卧室中的。这样的卧室就像一把小提琴。它是由居住在其中的人所塑造的，就像一把小提琴是由音乐所塑造的一样……每个人都会找到适合自己的那一间。"从居住者与居住空间的这种关系来看，似乎有着一种从"人际沟通技巧"而来的不确定性而不是一幅预先确定的影响或者一个关于空间的假设。鲁斯提及的学习和模式是R&Sie(n)的"我听到点什么……"中的城市结构的根本性持续发展的观念。它的生物结构，在永恒运动中的分泌物，产生了它自身的建造和居住模式。它容易被误解的几何形式，可变化的形态学，并且总是十分费解的；它永不停息地由它的居民带领进行着改造。但是居住比签署一个预制房屋或者是宫殿的租约意味着更多！安蒂·洛瓦（Antti Lovag）提到了居住学中的科学。马丁·海德格尔将居住活动描述为一个人类的家园。在德语中，"建造"这个词是和"我是"以及"我居住"相关的，这位哲学家解释道："我们人类在地球上是建造、居住，成为一个人意味着成为地球上的永恒存在，意味着居住。"这种态度是通过与居住者人工模拟居住的有节律的自组织方式，"我听到了点什么"构筑了一个居住者达成他或她自有的人居条件。"建造"这个词的含义不能在没有这种解读方式的前提下被真正领悟。居住不仅仅只依靠与社会学的、美学的或者政治上的话题，而是应依托人类本质的需要——成为他们真正应该成为的。这种本质上的映射决定了"我听到点什么……"的结构。

"房屋在现实中思考。"

通过对实验的强调，R&Sie(n)展现出来的城市结构与未来学和思乡病区分开来，并且在当下找到了家庭的替代品。这种矛盾的感情和约翰·马勒的《明天的明天》中所提出的目前的感觉状态并不是没有关系的，文中讲述了一个可能的同时是悬而未决的未来的存在："昨天的明天存于明天／今天的明天存于过去／明天的明天存于现在"，这一点从布鲁·斯特林的著作《现在的明天》的题目中也可以看到。在这本被分为七个章节的小说中，斯特林传达了一个理性和敏感的陈述，并且产生了一个以本质上不稳定的现在为要点的分析。

在这个边缘地带中，突变的、混杂的"我听到点什么……"也产生了它自身的调和方式。它透过生物临近性协议的散播来戏谑科幻小说。在《乌托邦》一书中，托马斯·莫尔运用他将乌托邦转化为领地的能力，在这个小册子的最初几行就明白地交代出与所有期望不同的、乌托邦确切的建造方针："乌托邦岛的中心部分最宽广，方圆两百余公里，其后逐步收缩。"与普通观点不同的是，从乌托邦的概念出现，它就植根于一个特定的地点了。R&Sie(n)恰当引用了莫尔小说中的地形，以此生产一个混合着现实性、非理想主义以及虚构性的项目。同时，他们还从布鲁·梭罗写的科幻小说《一个重病城市的交叉部分》中吸收了数据的虚构式主体化策略。如果这个城市病了，它必须是有机的。作者剖析了"金属的城市"的病理症状，如迫使它的居民去忍受由家用电脑生成的世纪末情节，并再也不能连同现实和支配空间。相似的，R&Sie(n)从任何可能的未来主义者关于"我听到点什么……"的读解中撤退，他们试着去破坏任何进一步的预言性的或预测性的言外之意。然而，他们聚合了虚构中的推理特征，然后吸收了在恒定蜕变中推进环境生产的综合参数，这是布鲁·梭罗所描述的关于居住的复杂性特征之一。

不过R&Sie(n)从未提到威廉·莫里斯的无出处新闻——其笔下的男主角被称为做客的威廉，在一个叫做"乌有乡"的无国度社会叙述着他的游历故事。虽然做客的莫里斯重新回到了旅行故事的风格——一种从前就被莫尔所采用的形式：归来的拉斐尔·海斯洛蒂报告了他的发现。这样我们感知到了在两个关于世界的假设中所存在的同时性，而每一种假设都展示了一种可能，并且两个假设都是反未来学的一部分。为了进一步明确承袭莫尔和约翰·拉斯金的谱系，《乌有乡》伴随着一个被打扰的现实的关系开启却又闭合。更不寻常的是，R&Sie(n)也未承认玛丽·谢里在1816年创作的《现代的普罗米修斯》——从化学家肯拉德·迪普尔得到灵感的著名小说。这个叫做Viab的建构部件类似于这个著名的如上帝般创生的科学怪人故事，这个机器隐藏了"我听到点什么……"的网状结构，并且居住于其中。当存在着有像任何机器都会失控一样的暗示性可能时，一个科幻小说里面的信号出现了，在紧张的、有联系的、伴随着总在胜败关头出现的进步论者的现代性中，Viab提供了一种独特的可能性：每个人都可以对建设过程重新编码。更进一步地，R&Sie(n)探索出一种将Viab作为形态生成工具的方法，这种方法与将住家仅仅作为一个预先设定好的项目并以最高产的方式去实施的做法相对立。被Viab隐藏的城市结构在乌托邦的生物地理学文献中被大量提及，不仅复兴了其风貌，并且使它进一步变形、与现实杂交，以便建立一种不同的空间，即使它实际上是真实的。这种立足于发展的建筑结构的居住决定在时刻发生着，它被多种多样的偶然发展和无休止的自生的并且成长为不受任何规划控制的城市主体所鞭策前进着。它通过一个在预先构建的表面的宛如珊瑚礁的形成过程中所自我建造。这种形态发生过程之中包含着一个明显的矛盾——它持续地自我更新，同时又深深地扎根其中。远离由错动和其他不规则的构建方式造成的阻碍，这种生长过程——总体来说和敲打手鼓的原则相反，使现代建筑的用户如此热切地与现存的建设环境的关系缠绕在了一起。没有了预先设定的公式、分类的逃避以及其他正式的禁令，这种居住领域拥有对于其建造条件的存在权。如此，居住空间变形为一个生产性空间。后者已被认定为海德格尔在《筑·居·思》一书中鲜明指出的居住模式。

造物者

类似于白蚁、鸟群、蚁巢、蜂窝的居住者，"我听到点什么……"的自愿居住者复制了被称为"群体智慧"的组织模式，并且参与了他们栖息地的产生。他们不像建筑工人和木匠，甚至远甚于简单的占有者和租用者，他们签约明确是他们在"创造他们的家"。他们既是执行者也是受益者。从这种角度，协议书中写道："这些身体中化学物质的多种分泌物所带来的刺激影响了Viab的建造逻辑。他们是分享现实的向量。收获发生在分散四处的微小的感受体中间。"样品的混杂形成变化的连续统一体，它从最初的开始启动了居民的存在条件中一个变化的进程。它非但不是许多预先描述好的、规定的图像，而是非常接近瓦特·本杰明在1934年4月的演讲中提出的一个叫做"作为生产者的创造者"的不同的内涵。这个途径也是对意大利设计师乔·科隆博在1969～1971年间，被其命名为反设计的作品的追忆。在这段短暂的岁月里，科隆博预言，"家具将会消失，而居住地将遍布各处"。作为一个生产者，科隆博将家庭生活视为一种规章和都市生活的转换过程。如此看来，都市生活成为从根本上能够参与的以人类为中心的和人性化

的城市鸡窝重建亲密关系的土壤,这样一个对于家庭轮廓的重定义加剧了货物和物品的消耗以及私人领域中空间和环境的配置。更加重要的是,它打破了对于家庭环境的传统定义,并且显现出一条通往存在的途径。R&Sie(n)的展览提出了居住的完全价值所暗示的存在的必要性问题。从这个角度出发,居住通常的含义——占据一个空间、用物体将其塞满或者是一种家具风格——都消解掉了。最重要的是,居住并未从任何特定规律出发,而是将这些原则完全包括进来,在异化和假设的原则上提出一种相互性,其中也包括不可预见性,由此组织起空间关系。进一步的,为了避免废弃的最初居住模型和它的比喻性表现,微观世界——分散的、移动的、不确定的并且处于永恒的生长过程中——在兼并过程中侵蚀了各种尝试。与阿多诺的宣言正相反的是——家并不是已经过时的东西。

亚历山大 · 米德尔

城市试验断片。激光熔渣模型

内部结构。激光熔渣模型

内部栖息地。激光熔渣模型

形态研究。激光熔渣模型

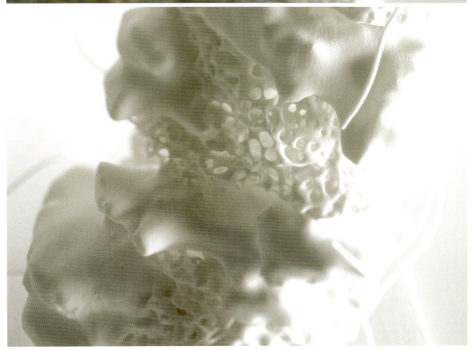

途径流量和Viab轨道。激光熔渣模型

克隆化。栖息地的交叉剖面。激光熔渣模型
参照邻里协议、克隆化和过程、住宅组件的定义和阐释。

克隆化。栖息地的交叉剖面。激光熔渣模型
参照邻里协议、克隆化和过程、住宅组件的定义和阐释。

网状结构和蜂窝薄膜间的联通。激光熔渣模型

克隆化。激光增渲模型

克隆化。激光熔渣模型

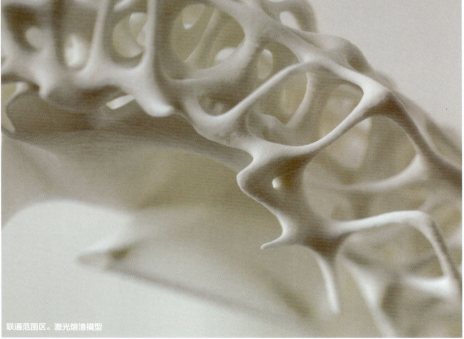

联通范围区。激光熔渣模型

心理化学。测量稳压基准的微分子和感官器。激光熔渣模型参照邻里协议和关于音频隔离的定义和阐释。

催眠密室

请坐,椅子非常舒适……休息一下。就是这样。体验马上就会开始。

1. 断开/促进感受性的语句

也许你有一点紧张?这些奇怪的声音,奇异的蒸汽……让这种不舒服的感觉包围你。这是一种对于陌生面孔自然的反应。现在让我们一起向那种未知滑行。我需要坦白即使我被那里进行的事物打扰,但是同时不知道为什么,我对于那里存在着的东西深信不疑,那种东西可能是……这样的冒险只能对那些愿意冒险来从事它的人敞开……当你发现你自己面对一些独特的东西的时候你应该做些什么呢?首先,保证你是放松地像我们现在这样坐在椅子上的。现在就这么做。准备好。你应该感觉不错,你应该能够很轻松地聆听我的声音。或许你会感觉到身体某处的某种绷紧,一种不舒服的感觉。不要做任何特别的事情。让你的身体主宰你。总的来说,你的身体是放松的。你的身体将会处理好你感到紧张的那部分。不要过分地试图去放松,但是你的身体会自主地选择它想要的姿势……你不需要做任何事情。你甚至不需要努力试图去不做任何事。让自己适应柔和的灯光和时间的停滞。你不需要集中任何注意力来听我所说的东西。你只是即将感觉到你自己的身体在慢慢地变沉重,在椅子之中变得越来越沉重。现在你觉得自己是充实的,充实到你觉得自己已经充满了整张座椅。但是不要去想这件事情。让你的精神集中在它想集中的地方而不需要去担心它。你感觉沉重,但是同时你也觉得很轻盈。你不需要做任何事情。只是让一切自由地发生。你不需要注意到现在正在发生着什么。只要让你自己游离。有一种作好准备的方式,那就是向一种不同的看事物的方式敞开你的心灵。不去意识到它,你将要对你已经感知到的奇异的事情越来越多地敞开你的心灵……你完全不需要做任何事情,但是如果你想的话你依然可感觉到你的后背正靠着椅背舒适地休息,或者你的胳膊正放在椅子上休息,你的双手对任何事情张开着就像你对某人、某种发生了的事物张开你的双臂一样。你完全不用试图去打开任何东西;你只是让那种放开在任何需要它的时候发生。你的双脚舒适地放在地板上休息。

2. 相互修正用语

现在你感觉到一种凝固,你感觉很轻松,你已经准备好面对新的事物。但是首先我们要来做些小的练习。闭上你的眼睛,你现在在家里。你在你的卧室或是起居室当中,如果你有这样的房间的话,你将走上或走下你住宅内的楼梯或者也许步行穿过庭院,如果你有一个庭院的话。你正呼吸着你家里的空气,你让这种气氛将你充实,但是同时你又成为了这样一个舞台上的演员。几分钟之前也许你感到你被家里的杂乱无章所压抑,或者恰恰相反,被过于井井有条的秩序而束缚。思考一下这件事,让你自己改变一些东西或者把家具在四周搬动,让你的环境变成你想要的样子。让环境渗透性地充实你;你已经让环境在你的身上发生了作用并且你也对它发生了作用。你与环境是不可分割的……让你自己走得更远,让你自己被环境带给你的感觉所打扰,去发现一些大量你以前不曾注意到,甚至从来没有怀疑过的细节。通过打开的窗户,走进你视野的城市是一个躯体,一种互相缠绕的、复杂的、多节点的躯体……它的曲线像带有盘根错节的枝条和散布的光线的森林曲线一样。树木会引导你,你同时感觉到害怕和受到保护,孩子气的和成熟的,这个城市是你自己身体的一种扩展，一种对于你的动脉，你的血液，你的生殖器，你颤动的身体的扩展。你是那个全体中的一员，结合在整体当中的一个元素，某种带有自己的呼吸作用的可渗透事物并且渴望拥有属于自己的环境……你是这个城市的躯干上的一缕神经末梢，你处于所有的脉冲神经连接的中心，并且你感觉到能量、物质，你感觉这个城市躯体的生长就像它是你自己的肉体的扩展。没有人可以让你接受一个首先让你觉得不好的形式，没有权威可以从你这里把它剥夺。没有什么道德准则可以高高在上地授予……你就是这个城市躯体而且你感觉到它的生长……丑陋与美丽，障碍与可能，废弃材料与新生物，危险与保护，技术性力量与自然的力量，这一切的混合体就是这个躯体，它在你的眼前展开，它就是你的住所……这里的每一个事物都在一个节点集中到一起。它们作为一种永不结束的动作都在那里，都处于在形成的过程当中……放开你自己，不要去思考。只是让你自己滑入这个让你害怕却又给予你保护的丝一般的奇异感觉中……让你害怕却又给予你保护……

3. 结尾

现在你可以睁开你的眼睛了。放轻松。你很容易就可以忘记刚刚所发生的一切，甚至忘记这把椅子。也许有些事物变得不同了，但是什么都不用担心。集中你的精神准备站起来，无论你感觉到了什么。如果你觉得微微有点晕眩，只要等一等直到空间和时间回到你的思想当中……我们的会面结束了。我不会送你出去，你应该知道出去的。

弗朗西斯 · 鲁斯坦

邻里协议

"我听到点什么"这个城市结构是一个可居住的有机体。它通过操作模式不确定的适应和运转情节发展出来。它的撰写基于生长的脚本和开放的运算法则，它不仅对人类的表达（个体的表达、相关性、有冲突的和交流性的模式等）具有渗透性，更对居住于其中的人的化学放射，以及大多数的离散数据具有渗透性。这种生物性结构成为了人类的偶发事件和他们实时交涉的显而易见的部分。按照它的发生模式，它的制造不能委托给可能拒绝其交流程序或将来会重新设计其形态轮廓的政治力量，无论是通过记忆术还是强迫的手段。

生成纲要

1. 熵函数

1.0 居住的结构是一个正在进行的运动的结果。它是一种适应性的景观、一种基于它们自身的本地生长过程的常数进化运动。这是一个基本的原则。
1.1 这个生物结构的基本功能是一个居住地。它的第二个功能是反应性的而不是前摄性的。
1.1.1 像机能主义一样，这个生物结构不仅接纳人类的变异，它还是他们的神经末梢。
1.2 称作Viab的建造引擎是这个结构本身的构成部件。它将景观从它所在的场所之中隐匿起来，并且通过这种隐匿进行移动。它是在可变能力和生长能力两种模式中运行政治性和区域性自我决断的指导性向量。
1.2.1 Viab使用一种轮廓线工艺上的程序建模生成了网状结构（请参看"过程"）。
1.2.2 网状结构的生长通过有节奏的地方增长发生，没有进行进一步的规划但却将生存能力纳入参考，比如说所有约束结构的多样性（请参看"过程"）。
1.2.3 在任何给定的时间上，建造运算法则对于所有出现在生物型结构当中的引擎来说都是相同的。在固有可变的数据、要求以及地方扰动的限制之下，每一个Viab都根据这种运算法则运行。
1.2.3.1 因此Viab的可变性从操纵Viab的原轨迹之中显露出，这种轨迹本身经历了一种无休止的如1.4中所定义的再参量化。
1.3 结果的形式是不确定的，甚至是不可预见的。对于预想模式的政治性的矫正方法将空间变成了一种控制系统 。（请参见"情感物质"）
1.3.1 因此，整个过程是不确定的。
1.3.2 由于与建造相关的空间是不确定的，因此它也是被假定未完成的。反之亦然，请参见5.2/5.2.1。
1.4 建造运算法则对于两种输入数据进行反应：内部的和外部的。外部输入将预先存在的城市形态学、可到达模式、建构极限、可用自然光、可居住单元的维度和厚度、地方生物群落的全体参数等结合在一起。
内部输入则由两部分构成：
1)化学的：生理学上的植入、内分泌物质、身体热量散发、精神病等。请参看"自我隔离"
2)电子的：个人主义、个人许诺、主观性（信息以及网络裁决）。请参看"生物政治"
1.4.1 通过建造运算法则成就的多样输入数据的魔力决定了Viab的行动。数据的可混合性造成了集合性整体的出现。
1.5 运算法则是开放的资源。它的多变性是由经验、分享与协商导致的。请参看4.5

1.6 生物型结构在不根除预先存在的组织的状况下扩展。这一过程并不是从一个白板开始的，它也不会导致祖传化。结构表现为一种移植，或者更动听的说法是一种寄生虫。它在预先被都市化了的区域运行，渗入缝隙、场所和环境等之中。
1.7 生物型结构是按地区安排的。建造运算法则将未加工材料的供给作为一种建造上的变量纳入考虑，并直接依靠所使用物质的物理性质。

2. 生物公民

2.0 生物性结构中存在的纯粹事实授予了公民身份的权力。这是一个基本的原则。
2.0.1 因此，契约的性质是领域性的。
2.0.2 公民或许可以重新配置一个空间，并对它进行转化、拓展甚至毁坏。
2.1 生物圈的公民允许他们的要求(对于生长、转化、修缮等的要求)服从于群体化学反应带来的影响。
2.2 公民与生物性结构之间的交易协议是可以自由更新的。如果公民离开，这个协议就会被消除。
2.3 所有公民是事实上的所有者。
2.4 规则1到8对所有居住在这个生物圈的公民有效。
2.5 有关操作知识和启动进程，请参看6与"过程"。

3. 自我隔离

3.0 公民同意作为一个特殊的社会体的一部分以共享生理学信息。
3.1 这些精神上的催化限定了第二种类型的输入——内部输入。
3.1.1 由躯体的大多数产生的化学分泌物所引起的这些催化反应影响了Viab的建造逻辑。它们是它的共享现实的载体。
3.2 "收获"在被分散于整个生物性结构范围内的微接收器的中间媒介中发生，并且被公民们所吸入。这些化学接收器的功能在"过程"当中有所描述。
3.2.1 它们的寿命为24小时。一旦超过这个时间框架，它们将自动失效，并被有机体消除。
3.2.2 化学数据的匿名性是一个基本原则。
3.3 来到生物性结构的来访者至少会进入大气，这会打扰它的平衡。
3.4 生物性结构公民是构成一个政治机构的网状模式的代理人。结果的不稳定平衡制造了一种社会模式，在这种模式当中，邻里协议作为先决条件的同时也是一个运动。
3.5 其导致的行为方式可以与一种被称为蜂群智慧的集体智慧相比较。请参见"过程"。
3.6 对于公民的化学接触面，比如Viab、灌输、合并、契约化了这种政治性的生物化学。

4. 生物政治

4.0 社会结构是遵从领域性结构的。
4.1 创造性的个人主义是一个基本原则。

4.2 共同的居住生活不再以稳定原则为基础，而是以公民、非公民与生物性结构之间的一种永恒的交互作用为基础。

4.3 同样的道理，没有人可以反对一个新公民的到来，或是调用一个协议条款来反对一个公民或一个组织离开的需求。

4.4 每一个公民都可以自由地选择他们对于生活和生物型结构的生长的参与和关联程度。

4.5 公民们在限定这个生物性结构进化的条件的所有社会方面的数据都可以取得。他们可以提出一个对于地方上、地方之中或者最高层次的修正，并将其通过结构之中的电子网络提交给群众。

4.5.1 访问数据意味着与结构进行相互作用，并被统计和记录下来。

4.5.1.1 对于数据库的访问情况不可能被复原。

4.5.1.2 数据库是一个起反应的接触面：它是一个为递交建议服务的数据银行和个人反馈的感官器，同时也是一个视觉化的生长引诱空间。

4.5.2 全体的反馈结果被传送到Viab。

4.5.3 所有的这些建立了这个城市的形态学文本。

4.6 个人提案可以在任何时候通过网络提出。它们是完全自愿的，并且是不受任何预先设置的程序影响的。

4.6.1 在任何提案当中，一种情景的元素被集中放置在一个实验性基底上。请参见"情感物质"。提案是一种推测的工具。

4.6.2 提案可以通过生物性的网络结构被匿名提交。个人反馈的电子形式收集是一个基本原则。

4.6.3 提案是一个运作工具。它只能被动态地应用。这是造就运动的社会经验和前提条件。

4.6.4 提案同样是一个生物政治工具。它不能以任何形式的公式化方式对政治权力进行授权。这是一个基本原则。

4.7 个人反馈的收集使衡量提案的相关性和寻求它的采用或拒绝成为可能。但是，这种机制可能的结果并不是只有赞同或是不赞同。如果没有超过全体公民的三分之一的反馈，这个提案就是无效的。

4.7.1 然而，没有提案会一直被否决。它的重新整理被认为是与生物性结构进行的一次合法的重新谈判。

4.8 任何提案都可以以两种形式同时进行呈现，一种是制定性的且永恒的，而另一种就是实验性且临时的。

4.8.1 在制定性版本中被解除，但是却临时被接受了的方案可以在一个实验性的基底上付诸实施，以求对于方案自身的确认。在实验结束的时候，生物性结构将会再次对其查阅。

4.8.2 一组公民可以选择他们将一个被接受的方案投入实践的态度。根据规定，这将会需要特殊的增长。

4.8.3 仅仅在这样的个案中，试验及其生成的根状茎只可以被这些根状茎的居民丢弃。

4.8.3.1 如果这些根状茎没有推翻任何基本原则，前述的都有效。

4.8.3.2 根状茎的概念在其实体存在之上扩展。

4.9 如果任何提案当中暗示的社会性和领域性修正挑战了基本原则中的一个，为了被采用（请参见开放资源5.2.1)，这个提案必须以与原方案相同的方式在两个场合被重新论证。

4.10 为了被采纳，一个提案必须被一个相应地方化的大多数分享一次。

4.10.1 相应地方化的大多数由一组连续居住的公民组成。

4.10.2 这个结构作为一个整体及其内部的分组由相应地方化的大多数来定义。

5. 开放资源

5.0 开放资源是一个政治性和地理性的工具。

5.0.1 概括来说，Viab的建造行为方式是由生长运算法则生成的，这种运算法则本身就是两种输入的可混合性的结果：化学性和电子性的输入。请参见"熵函数"

5.1 所有的公民都可以访问在生物性结构中已建成住宅的来源编码。来源编码包括了操作原则：生长过程和相互影响原则。基本原则只能在4.9中所定义的限制条件下进行修正。

5.1.1 Viab的来源编码的可访问性使它可能避免其特殊的存在形式所固有的缺陷。请参见异类8.0

5.1.2 在处理事物的框架内对于来源编码的修正需要一个电子版提案。由此决定的来源编码修改的执行是对Viab进行重新编程的惟一途径。

5.1.3 所有的操作规则，无论哪一种都只能被理解为可以通过集体提案进行修改的变量（环境的、社会的和建造的）。它们接纳电子和化学性的干扰。请参见"自我隔离"

5.2 任何违反了这个原则或是违反了一个基本原则的重新编程的Viab都是对这个社会结构的挑战。

5.2.1 如果采取了这种假设性的步骤，Viab就会停止其建造和修复的功能。它将会变成非活动性的一个结构剩余物。

5.2.2 然而，随着一个延长的去活性过程，居民们可能会将Viab的参量重新初始化。通过实施这个操作他们将会回归到邻里协议下的"我听到点什么"。

合成纲要

6.使用者

6.1 结构的纬度和它们沿着X-Y-Z坐标的生长直接依赖于它们的地区化和树状结构的极限。

6.2 新公民可以选择两种居住模式中的一个：

—"熵函数"，它包含了与结构的协商生长。

—游牧的，它包含一种对于废弃细胞的借用。在两种案例中，Viab将会发生转化。

6.3 经济交易的生产/转化通过对于"时间信用"的购买来获得对Viab的使用。

6.3.1 一个时间信用点可能在要求感应服务的时候被要求进行交易，后者则是一种与生物性结构契约化的产品处理模式。

6.4 所有的公民都有责任来发展一个由一个地窖和一座地上层的阁楼组成的三层的可居住空间，无论它多小。公寓和单层住宅是被禁止的。这是一条基本原则。

6.5 居住的第一个阶段是游牧。一个单元由一种可居住套件发展起来。这其中包括一个从形态学上适应单元外壳的轻质聚合外壳。请参见"过程"

6.6 公民们可以完全自由地对这个初始的外壳进行修改、转换和适应，或者甚至用他们中意的材料对它进行粘合。其中只有垂直的墙是永久性的。Viab可以修改和对水平的结构进行打孔（顶棚和地板）。

6.7 任何对于这些单元在私人和公众方面的使用和服务都是允许的。

6.8 居住者的变换对于相邻单元的不同使用是可协商的。一个新的迷你邻里关系协议将被起草。

6.8.1 这种迷你邻里关系协议为定义全体共享感官元素服务。这种契约有效性的持续时间依赖于签约者团体的有效性和个体的存在。

6.9 当离开一个单元时，公民们有责任使它回到它原始的状态上，或者换一种方式说，销毁所有他们在居住期间树立起来的永久性结构。如果改造过的单元的新居民有明确要求，可以降低这个要求。

7. 脚本

重述要点：结构的形态发生是由可收集可重新编程的Viab驱动的。因此建造运算法则的细节是暂时有效的。

7.1 Viab的基本原则是结构性的维护。

7.1.1 Viab从流通于整个生物性结构中的信息网络所配置的数据来推断本地的结构性约束。

7.1.2 一种结构上的失效将引发Viab提出（也许是它自己的程序）一种对于提高支撑性的要求。

7.1.3 可利用的自然光在生长的过程中被当地的集合和分泌物记入考虑当中，就像电力传输一样。生长是在结构表面的凸起区域所推动的，并且密度是被逐渐变小的能量所限制的。请参见"过程"

7.2 Viab运动的运算法则在网状结构的两个抽象层面上被描述出来：线框的再现和其组合型的坐标。

7.3 由Viab引起的公民们对于增长和维护的需求以及对于结构性增缓（支持）的要求被电子网络空间化了。从一个地方发出，它们沿着倾斜的网状结构的拓扑格局分布，其强度随着时间而增长。

7.3.1 Viab通过这些强度倾斜变化进入预先存在的邻里组合性坐标当中来接收需求。

7.4 结构性维护的首要性导致了Viab去不断地检查整个结构。需求联系着倾斜变化和化学催化，并且各自在扰动中扮演漂浮因子的角色。

7.4.1 Viab当前的技术性极限导致了定相的运动运算法则的必要性。在这个运动期间，Viab会使用一种虚拟的阿里阿德涅线团锚定在生物性结构的一个基本的点上。请参见"过程"

7.4.2 一个相对简短的计划的不可能性也将一种偶然性因素引入Viab的固有算法当中。

7.4.3 除了运动运算法则偶然性因素，Viab被整个结构的规则外壳所围合。请参见"过程"

8. 异类

8.0 Viab直接被两种催化作用的叠加所产生的震动所影响。请参见"熵函数"

8.0.1 因此，它们不同种类的组合扰乱了建造运算法则，并造成了拓扑学的、美学的以及机构上的扰动。

8.0.2 在这些失常、背离和混合中，Viab的形态学推测所生成的无序都是其操作所固有的。

8.1 存在的一些形态病理学类型：

—因为缺损、囊肿、溃烂、突起以及闭塞等而造成的畸形。

—由于坏疽、腐蚀、分裂以及崩溃等造成的恶化。

8.2 这些畸形修正了建造出来的分泌物的性质并改变了我们所熟悉的地理学的定义。

8.2.1 然而，Viab会设法修复或消除那些对整个或一部分生物性结构造成威胁的畸形。

8.3 任何其他的物理或美学上的变异都被认为是邻里协议的一个结果。

备注

过程

轮廓线工艺（CC）

1）在由计算机驱动的建造方法中，南加利福尼亚大学的Behrokh Khoshnevis发明了一种大尺度的三维输出技术。这种由计算机驱动的建造过程，更精确地说是使用喷嘴将模板和墙体同时喷射出来。2）通过在普通用法上的扩充，类型化的普遍建造模式不仅从标准建造过程中解脱出来，还使在建造进程中进行重新编程成为可能。3）Behrokh Khoshnevis解释说：使用计算机控制的轮廓线工艺挤压黏性材料，同时利用优越的表面抹压成型能力以创建光滑和准确的平面或者自由形态的表面。与其他层状构成过程相比，轮廓线工艺所具有的很重要的有利因素就是大层高构成为可能，而不需要牺牲表面质量，具有更高的建造速度，另外还有多种诸如光纤和聚合物等更大范围的材料选择(砂子、砂砾等)。轮廓线工艺的关键特性在于其与一个智能挤压系统的结合中对于泥铲的使用。艺术家和手工艺师在古代就开始有效地使用了像泥铲、刀片和雕刻刀这样简单的工具来将材料构成黏土团的形式。尽管今天的电脑数字控制和机器人控制的加工机械化有了很大进步，有效使用这些简单但有用的工具的首选方法仍然是人工，因此，对于这些简单工具的运用仅局限于模型制造和建造工程中的抹灰工艺。

轮廓线工艺是一种能够使用多种材料的混合性工艺。它组合了能够构成物体表面的处理方法和一种建造物体核心的填充处理方法(浇铸或者喷射)。随着材料被挤压，来回巡游的泥铲可以在层面上创造光滑的外表面，泥铲还可以偏斜以创造出非正交的曲面。挤压操作过程只是建立物体每一层的外轮廓(边框)，在预设层的每个闭合区域挤压完成后，如果需要的话，诸如混凝土等填充材料可以被同时注入来填充由挤压的边框所界定的区域，与此同时新的边框又被泥铲工具所建立。轮廓线工艺由计算机程序驱动，因此，当结构正在被建造的时候，对建造计划进行实时调整是非常可行的。这种能力使轮廓线工艺技术成为建造"我听到点什么"的理想工具。这种施工方式使轮廓线工艺概念呈现出广阔的应用前景。Viab机器人的每一个铰接充气臂都可以配置一个轮廓线工艺管口，通过挤压和注入来创造壳型结构和结构核心。多重轮廓线工艺管口可以联合工作来将生物性结构的多个部分向不同方向进行扩展。轮廓线工艺管口也可以建造承载它们的Viab机器人的主要运动轨迹。植入的每个轨道都有可能是材料注入的通道。材料可以被压成预拌混合的黏着状态，或者也有可能是由循环空气投递的干燥粉末。在后者的案例当中，Viab机体内的混合器会注入水和化学合成物来干燥灰泥粉末。在每个操作暂停期间，管口可以被水冲洗干净。智能工具路径规划运算法则被轮廓线工艺使用来将生物性结构的建筑性设计转化成为能够驱动机器人工作业细节化的命令，并使诸如复杂材料表面的分叉和趋同性分支等结构性元素的精确构成成为可能，正如被"我听到点什么"的建筑特性所刻画的一样。这些运算法则不仅仅考虑了具体几何特性，更将诸如在加工过程中受重解体、加工速度、收缩性和拖曳等材料特性纳入考虑当中。结果就是连那些技术最为精熟的人都几乎不可能建造的复杂结构被精确地构建出来。

Viab（可变性—生存力的缩写）

1）一个需要分泌物起反应并自治的建造机器。2005年为第一个生物性结构所生产，Viab投放了一种允许自身在不明确原则的基础上建造建筑性结构的机器人运算法则。它的开放资源设计使它对于外部输入具有渗透性。它的基础脚本定义了运动、动作以及所有约束的协议，但是同时也完全综合了可能影响其基础功能的环境变量。2）对于其机能的解释：它所运动的支撑轨道与一个起重机轨道类似，是Viab自身分泌出来的。铰接充气臂沿着分泌物的端头移动。在浇铸的过程当中，随着端头被锁入，即将被拓展的结构装配也同时硬化。框架是由一种尾部带有管口的伸缩臂生成的。这个系统将多种结构性部件的直径一体化。浇铸则是通过对于这个壳体的填充实现的。随着机器的升级，分泌物端头将会沿着三个交替膨胀和收缩的阀门移动。

在一个特殊结构的尾端，铰接臂将会重新缩回Viab之中。后者可以沿着轨迹移动很长的距离到达一个即将生长的地区。3）Viab是立足所在范围的。能量的供给和未加工材料(粉末、水)，或者换一种说法，抽样和转化的程序将直接依赖于生物性结构所处的环境。4）最新一代的Viab将化学回收程序本质地与生物性结构所排放的物质(家庭废品、动植物留存物等)一体化了，同时吸收了本地材料和能量(环境湿度、自然更新的能量，包括那些由文丘里效应产生的光电能和热能等)。

运算法则（数学，来自AL-KHAREZMI，一个阿拉伯数学家的姓）
1）对于规则组机械(不加思考的)的应用使贯彻一项任务或解决一个问题成为可能。一个运算法则可以被一个人类操作员或者一个经过设计的机器来运行。
2）通过在"我听到点什么"当中的拓展，一个在整个建造的成功阶段指导Viab的脚本对于输入来说是同时可改变的和可渗透的。脚本驱动了多个阶段：Viab沿着轨道运动的定位、铰接臂的扩展、铰接臂沿X—Y—Z坐标轴的定位、端头在已设定轮廓处的锁定、扩展框架的分泌物、将混凝土注入获得的空穴的过程、抽取/浇筑端头的充气运动以及每个循环的结尾对于蓄水池的连续补水和Viab的运动等。

熵函数（物理学名词）
使一个系统的无序程度成为可度量的量级。请参见"有效物质"

自我意识
1）能够生成一个社会体的多数个体的感情植入意识，无预先存在组织的一致社会行为方式。2）通过扩展，像"我听到点什么"的居民所说的那样。3）"伴随感知"这一术语的近似同义词，由Frank Herbert在《沙丘》中所提出的一种共享感知概念。

蜂群智慧
1）描述一种缺乏核心控制或总体构架的行为的术语。以个人行为方式的简单规则为基础，蜂群智慧使我们能够去理解和模拟烟云现象，比如在行动中，无论是在个体之间还是它们与所途经的地理性特质之间，对障碍的反应和避免冲突的个体群的行为方式。2）通过扩展，一个应用了生物性结构的人类社会成为一个社会协议。按这种理解，在如下两个方面之间可以界定出区别：一方面，随着时间推移决定着宪章内容的政治和社会的相互作用以及结构运算法则；另一方面是由个体要求所产生的"地方性增长催化"，它可以扩展那些决定着由每个Viab完成的实际建造工作的结构和化学数据。这种增长催化的是个体行为方式的结果，它在地方性层面上被决定(尤其是被邻居与微接收器之间的谈判决定)并且通过基本的机械方法进行注册。基于此的形态生成所制造出的正是这些活动的一种直接结果。一个生物性结构的公民们是在一个蜂群(包括Viab)的个体，同时也是定下基本原则以求Viab更好地完成赋予它任务的协作者，这个任务就是生产一个不确定的适合居住的结构。

微接收器（物理学名词，从微观角度，一微米＝10^{-9}米）：
1）微接收器（NP）被用来捕捉和探测特殊气层中的一种化学物质的存在。2A）微接收器可以被吸入，使其能够"嗅"到人类身体的化学状态。2B）机能：就像花粉一样，它们浓缩在支气管中或将自身附着在血液脉络当中。这种位置使它们能够探测到血红蛋白所携带的压力激素的踪迹。一旦它们与这种物质取得了联系，微接收器的磷脂隔膜将会溶解并释放出一些分子，包括气态的甲醛(H_2CO)。被呼吸管道遗弃的分子将被空腔环状绒毛光谱监测到(C.R.D.S.)。这是一种使用被赋予了某种频率的激光射线来进行光学分析的方法，使度量空气携带的分子的密度成为可能。甲醛监测使用的波长在350微米左右。3）因此，微接收器保证Viab接受到有关周围压力等级的信息。

聚合物（化学）
1）低分子重量的微粒互相结合来形成一种高分子量的化合物中的反应。2）通过在"我听到点什么"结构中的扩展产生反应而使包含在居住工具箱当中的可变套层凝固，以迎合细胞形态学需要的化学过程。

居住套件
1）由一组元素构成一个住处，它能够通过个人使用一种用法图表来被集中。2A）通过在生物性结构中的扩展，在Viab实施了一次结构性拓展之后，一个欢迎包裹可以让一名公民拓殖一个蜂窝状居住单元。2B）一个居住单元包含着五个元素：a）一种附着在电梯墙和充气端口，使可居住体量扩展到预先装备的单元当中的"港口"装置。b）一个与"港口"融合的可扩充的体量。这个由软性多孔材料构成的体量被设计来与单元构成合适的衔接。c）一个光化学启动器（UV）。催化剂所促成的反应将塑料材料多孔化并将居住地的墙壁固态化。d）一个遵从人智学机能运行的化学交换模数(消费、浪费和回收)。e）一个氢族状态模数。f）为同样多器官畸形的单元设置的由多泡层构成的油门踏板、坡道以及楼梯。2C）进一步的阐释：在扩展过程中，聚合作用之前，特别设计的网络终结点通过化学黏着法被附加到混凝土结构当中。这时候，在这些张力之下，终结点的附着必须通过网状结构手工进行。这项任务将很快被交给Viab。

农业套件（农业学）
一个由生命实体(动物和植物)组成的可以被栽植的套组。农业套件注定将会用在食品制造(专制)以及环境消毒(光、大气层和病理学)方面。

生物向性（来自希腊语tropos，方向）
1）空间导向下的固定动植物的生长，受到了外部催化(生物学的、有机的或化学的)的影响。2）"我听到点什么"的固有特性。

增长
1）一个地区在材料的流入和沉积中的生长。2）通过在生物性结构中的扩展，由Viab造成的网状结构的地方性生长分泌出混凝土来构成网状结构的小的拓展(模数)。3A）在增长(也被称为聚合)的传统模型当中，尤其是有限扩散的Witten&Sander增长模型中，物质的分子随机在自由的空间中移动并在接触到一个结构的时候聚合其上。由此形成的结构带有准树状特性，更具体地说，它带有长长的分枝和相对虚弱的密度。3B）在生物性结构的案例当中，生长场所原则性上是被结构内部的个体要求决定的。此外，由于这些要求的分配不是统一的而是与外部发光度与预先存在的密度相关的，增长的过程就呈现了一种与标准模型相关的特质。生物性结构的生长同样也与珊瑚虫的息肉性生长类似。在后面的模型中，生长转到了每个息瘤体上（或生长场所），并从外部环境中直接紧密依附在息瘤的并发体上——息瘤体在它们共享的外部通道上处于一种不利的态势,这种地位将会导致结构外延区域的息肉迅速生长,尤其在其凸起的部分。

线框表示法(几何学)
1)一种体量中固有的表示模式,体量中的每个元素都由一种正常的管线状构件的管线结构为基础。2)在生物性结构当中,体量元素粗略地近似于一个标注直径的圆柱体,并将生成的构件限制在圆内。管线结构由此完全被一个联结(由最大化和最小化的标称长度表示)和节点(管线结构交界的地方)的集合体所定义。

组合学函数图表(数学)
1)图表是元素被称为节点的V的抽象集合数据,也是V的元素中E对X-Y坐标称为联系的集合。2)以一个线框的表现为基础,如果在节点X和Y之间存在着联系和线框表达,一个组合学函数图表可以在忽略对于长度和空间的几何约束的情况下被定义来制造一种抽象的V节点和用X-Y坐标表示的E联系集合。

阿里阿德涅的线团(希腊神话)
1)一种联系线索,一种阿里阿德涅给予特休斯而帮助他找到走出迷宫的路的联想。2A)在生物型结构当中,阿里阿德涅线团是在任何具体时刻将Viab接入一个地方性未加工材料资源的进料道。Viab以相位工作,在一个相位过程当中,资源是被作为锚来固定并发挥作用的。Viab通过激活其轨迹上必要的通道从那个锚离开,并且在其他方向的分叉之前沿此轨迹逐渐撤退。2B)通过扩展,阿里阿德涅线团将指明一套虚拟的联系($a-1$,$a-2$,$a-3$,…,$a-n$),并在表示结构的图表中将Viab与它的锚点联系在一起。

布朗蛇形曲线(数学)
1)用在概率理论中所研究的随机过程来作为分支的偶然性的模型。2A)在生物性结构当中,Viab在一个具体相位阶段的运动和建造过程是被一个与布朗蛇形曲线相似的过程模拟的:一种包含了任意一个阿里阿德涅线团的扩展的运动,$(a_1, a_2, …, a_k) \rightarrow (a_1, a_2, …, a_k, b)$,$b$或者取消$(a_1, a_2, …, a_k) \rightarrow (a_1, a_2, …, a_{k-1})$,或者,最终,一个新联系的产生很可能通过创造一个新节点$(a_1, a_2, …, a_k) \rightarrow (a_1, a_2, …, a_k, b)$,$b=(x, y)/E$来实现。2B)交替地,这个过程可以被视为空间性的,阿里阿德涅线团在时间t的时候,被一系列组成它的节点在X—Y—Z坐标上的位置表示出来$A_t=[(x_1, y_1, z_1) (x_2, y_2, z_2), …, (x_k, y_k, z_k,)]$。从$A_t$到$A_{t+1}$的转化是在原有的节点或新的节点中选择的。3)在活力缺乏的情况下,扩增的方向是随机选择的(简单点说,这个或然率法则存在于有限组的可能性方向之中)。在宽泛的条件下,这种行为方式是被催化剂所弯曲或扰乱的。对于这一过程的分析使我们清晰地看到机会的引入导致了Viab被期待的行为方式与生存能力的约束相关:带着一种我们所希望的近似于1的可能性,整个结构将会被植入一个与它通过一个系统过程被掩藏所必需的时间框架内。4)在理想案例中,由阿里阿德涅线团制造出的Viab沿着在水平坐标中具有单一变量的结构一直向上,模型可以更加明确地被渲染出来。阿里阿德涅的线团以$A_t=[(x_i, y_i)_{y_i, i=1…k}]$的形式同时扩充转变,并统一地向$(x_i \pm 1, y_i \pm 1)$点进行下去。在不确定的案例中,扩增像撤消一样频繁地发生,我们发现在一个长度为n的生长过程的相位当中,结构的重量沿着使用中最长的阿里阿德涅线团的长度方向度量出来正好是n的平方根(应用在一系列扩增和撤消之中的大数字的规律)。基于同样的原因,沿着长度为k的阿里阿德涅曲线在X和Y方向上的运动距离是k的平方根。由此我们可以推论出X或Y方向上结构的长度是n的四次方根,因为处于一个经度相位为n的情境中,Viab运动并占据了一个不能忽略的体量次序为n的平方根，n的四次方根，n的四次方根等于n的分数。经过极度简化，这个模型就使以扩充转化的空间性非同质修正为形式的化学催化导致的混乱有了一体化的可能性。具体来说，这些混乱导致了病态分支和非正常密度区的发展。

催眠术
1）在一种被称为"醒式睡眠"的相位中进行的精神活动，或者甚至是意识的提升。催眠术被赋予一种不确定的、易变的和悬疑的感觉特性，它是一种摇摆的意识状态，在世界、他人以及自己之间诠释了一种全新的关系。2）从历史的观点上说，这种在19世纪上半叶被贴上催眠术标签的不寻常的意识状态，一直是一种对于发展自由空间和平等社会项目的企图，而且这种企图只能在这种状态下被察觉和感知。它可以被认为是不可能修正真实的、有形的政治世界的机械主义，相反的，这种前女权运动的斗争创造了一种不同的、有距离的层面，并存在于一个不可触及的地方。尽管所有的现代主义的改良主义思考已经像庸医一样被魔鬼化了。3）传输门，一种在"我听到点什么"的实验中运用的按时催眠方法。

泛心论：（cf, 心灵运输）
1）一个个体意识的超语言状态，其中自我已经不存在重要性了，一个不思考仅感觉其环境并通过改变自己来让自己被接触和感知的躯体，并"渗透到每次呼吸"。2）将一切事物在任何时间以任何形式与任何地方相关联，以生成一个具有结合与再结合的持续动力的意识流。3）通过扩展，一些重要的化学条件在"我听到点什么"的结构中得到分享。

情感物质

我记得……
—无国籍人民所共同具有的特点是：他们不仅从海岛本身，而且还从来自海中岩石上的结晶中得到第一手知识。
—它永远都处于一个不断消融和一个持久修复的过程。仁慈的本性与它没有任何关系；人类有意识的努力与合作，才造成了没有国家的……平衡可以被多种方法扰乱……所有的精细机械都必须被监测，这也必须要能被理解……它比任何国家的人为杜撰都更为优越。这是真实的。
—位于乌托邦中部的岛屿最为宽广，它延绵了大约二百英里，然后逐渐开始收缩。

我记得……
—保罗·梅梦特和他的陡直村庄，1959年
—Chaneac 和他的多功能细胞，1960年
—黑川纪章和他的螺旋城市，1961年
—矶崎新和他的空气中的城市、新陈代谢的城市，1962年
—新巴比伦的永恒，1963年
—尤纳·弗莱德曼和他的太空城市，1960，以及晚期的宇宙城市，1964年
—盖·罗提尔和他的太阳村，1971年
—大卫·乔治·艾姆雷克和他的Dome stéréométrique，1977年

——卡帕多其亚和他的都市穴居屋。
——曼谷在1993年危机后的枝桠性随机开发。
——柏纳·鲁道夫斯基和他的没有建筑师的建筑，现代艺术博物馆，1965年
——埃德加·艾伦·波和"阿恩海姆的领地"，1847年
——罗伯特·席维伯格和他的都市单子，1971年
——斯蒂芬·乌野应，1977年
——赛奇·布鲁梭罗和他的一个病态城市的剖视图，1980年
——唐·西蒙斯和他的亥伯龙软件里的跨门，1990年

我记得……
——巴黎公社是革命性的都市主义惟一的实现，是抨击地面上那些统治权组织的生活的腐化记号，它认识到政治形式的社会空间中从来没有纯洁的纪念碑……整个空间都被敌人占领了……一个地道的城市规划的开始创造于占领后所留下的空区。那就是那时被称为建造的事物，以及我们今天仍旧以同样的名字称呼该事物开始的地方。
——当代城市的发展工具从本质上就被过度地给予了决定论者，场景随着可预知的机械主义被规划出来。城市在生长、熵以及质密化上的管理和生成的规划都被进一步的严格化、几何化和神圣化了。这些形态学上的转换，在不能偏离其基础的预先程序设定的闭合的特定场景当中单独地被引发出来。我记得城市绘图法因此而与一种以"未来"语态陈述的制造模式联系起来。未来被期待的同时也被紧紧地锁了起来。
——尽管在那个时候这些调节都市结构制造的"被控制"的操作模式被怀疑能不能够胜任一个居民多样性逐渐代替了公共权威集中化的大众媒体社会的复杂性。
——城市建设当中的民主赤字和工具的滥用——从一个辩论是否该少数主宰多数命运的时代开始——使它可能呈现出信息性和生产性机械主义的支离破碎所带来的转变。
——自由空间被以社会控制的方式建造了出来，20世纪的当代城市都被打上了这个烙印。
——欧洲文明的危机和它的帝国主义实践都与欧洲人的操守相关——或者事实上是隶属于现代统治机构的贵族道德——没有办法来跟大众民主政治所诉求的核心权利保持一样的步伐。
——在这个时候，工业和财经力量所催生的不仅仅是日用品，同样在主观上制造了像生态意识、可持续发展甚至恐惧、抛售和罚款这些特别的日用品。

我记得……
——我们不再生活在一个白色的矩形里面和一张空白的纸上，却生活在地区中，在经过之中，在开放和封闭之中……许多的地方仍旧完全不同，甚至对立和发育不良，那是只有儿童才知道和掌握的东西：阁楼、圆锥形帐篷、父母的大床……飘移的地方、未知、恐惧和神话。
——现代寓所实际上是不受欢迎的客人从未涉身过的地方。他们被叫作"有害的人"，应该置身其外远离他们，如果可能的话，坏消息也不要传来。这种住宅只是一个曾被忽略的机械，或是一种完整的防御工具，对于外部世界而言，不尊重的基础基于建筑的属性。
——在上个世纪的开始，每一个事物都发展得很好，然后墙一度变得多孔，椅子变得柔软易曲，地板变得有弹性，并且认为这种前进是必要的。这是一个恶性循环。住宅发展得越进步，就越激发了人与人相互间追

赶的步伐，去寻找一栋新的公寓？？去接受电子大脑关于时间、光线、道德和食物的推想？？从现在开始他们就被囚禁在这个进程里。
——从地窖到阁楼的垂直性的极性确定……一个人总是要走下楼梯进入地窖，一个人总是要走上、走下楼梯到卧室里去……但是一个人只能走上楼梯到达阁楼？？当我回到我关于这些极性的梦中阁楼的时候，我再也不用下楼梯了……

我记得……
——对于一个运动单位的搜寻成为了一种先决条件。
——乡愁成为了一种武器。
——只有一种道德规范——政治清晰度——它也被称为生态哲学——是似是而非的。它被逐步地在三个生态区域之内被发明出来：环境、社会关系和人类主观性。
——在西方思想的内心，一开始就认为时间和决定论的问题不仅仅局限于科学之中……没有人把科学与确信混为一谈，或者把概率与无知相提并论……
——什么是必须要被特别关注的，生产场所，或者说是必须对身份要创造和再创造的社会机器……被不同地理解为就像处于一个非均一化的政权体制当中一样。
——来自兰波的"蜂群之声"。
——在已经不再存在的现实世界当中，一项主张的有趣性总是比真实性更重要。

我记得……
——关于一种必要的媒体的想法，一种社会契约，是从本质上基于世界的司法裁判权的概念，就像霍布斯、卢梭和黑格尔详细阐述的那样。对于斯宾诺莎来说，恰恰相反，力量与自发性和使它们的发展在脱离媒介的情况下成为可能的生产力是不可分离的。它们是自身内部和自身社会化的元素。斯宾诺莎直接从"多数"而非个体的角度进行思考，在一种……物理学和与司法契约形成敌对的动力学合成物的概念之中。
——躯体被赋予了力量的概念。如此一来，它们不仅被它们随机的遭遇定义，更被那些碰撞（批判的状态）所决定；它们被以组成躯体的有限数目的构件之间的关系定义，这种关系早就赋予了躯体"一个平民"这一特性。
——由社会构成的世界的宣告立即被贴在了意愿的平面和知识的平面上——对于现实，对于虚构以及对于自由的疑问。一个有组织的真实不再是神学的天赐礼物或是其散发过程的剩余物……造成的真实问题不再作为一个全体而是作为一部分的动力，不再作为绝对的完美而是作为一种相对的穷困，不再作为乌托邦而是作为一个方案。

我记得……
——最后，整个系统超越了时间向一个荒谬而自发的增长的无序状态发展，甚至没有达到一个平衡的状态。
——那时甚至一个艺术品如果被设置在了所有的关系和所有的文脉之外，它都不再被认为是艺术品。我们精确地预示艺术品必须被放置在这些关系当中，甚至是在将它放置进这些条件中以前，作为一个我们必须定义这些相同关系的前提。
——我们不再能够谈论，我们已经学会在沉默中超脱。

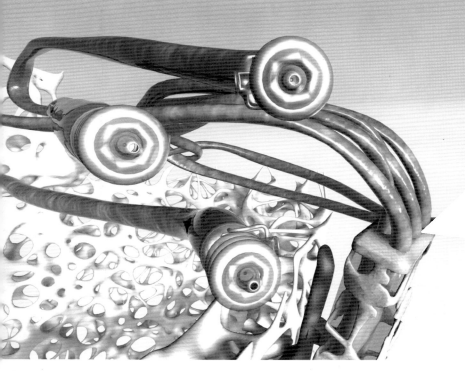

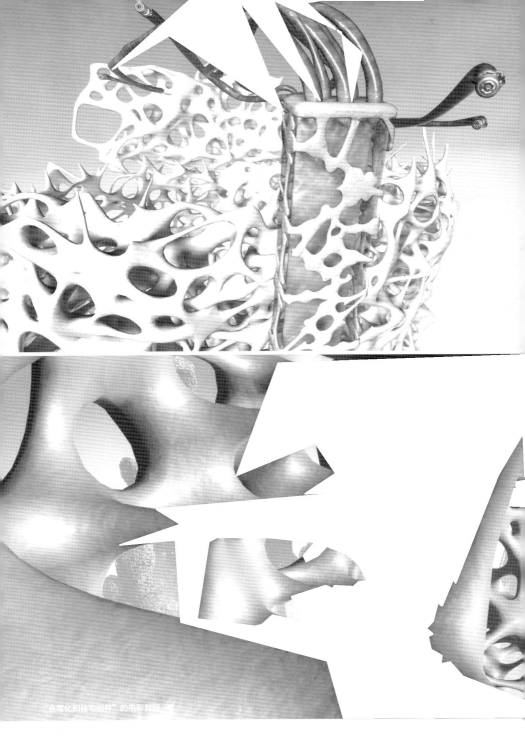

"克隆化和住宅组件"的电影剪辑

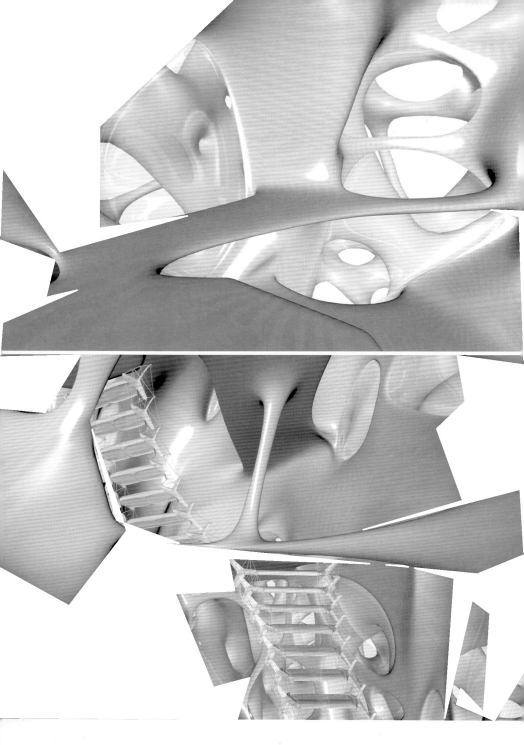

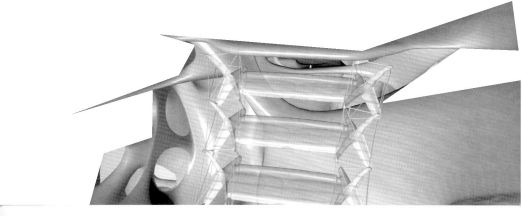

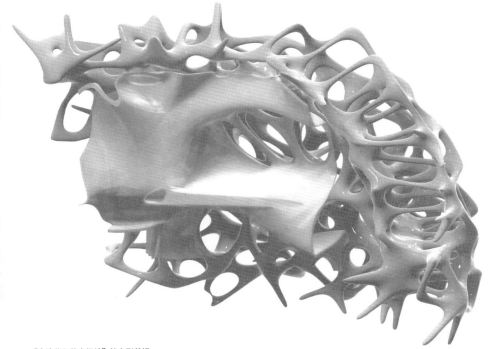

"克隆化和住宅组件"的电影剪辑

催眠室。3D模型

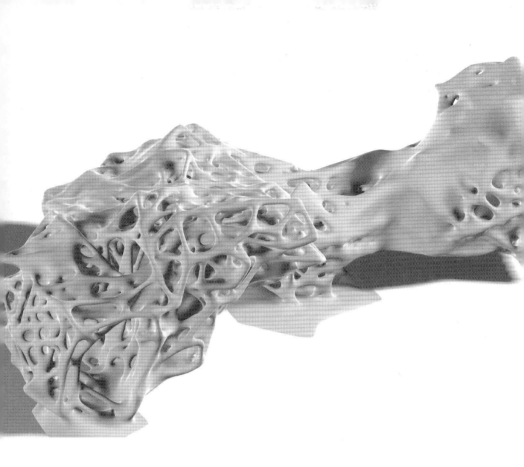

我听到点什么

丛书策划： 仇宏洲

本套丛书在编写、制作过程中，得到了蓝青、舒玉莹、王俊法、李挺、袁景帅、张颖、张新、杨波、凡晓芝、高君、林斌、高建国、华建等人给予的大力支持与帮助，在此一并表示感谢。

21世纪数字＋生态先锋建筑丛书的所有内容均由原著作权人授权AADCU国际机构出版项目使用，任何个人和团体不得以任何媒介形式翻录，中文版的编著由AADCU国际机构北京办事处授权。

简介_R&Sie(n)

R&Sie(n) 是国际数码建筑设计领域的著名小组，也是法国当代最具争议的建筑设计事务所之一。他们的建筑设计思想远远超越了建筑本身，其建筑作品总是融合了批判性、自由造型及生物性元素。通过对信息时代多重文脉、政治、道德、伦理、心理等因素对建筑设计和城市开发之影响的考量，结合技术虚拟手段，他们探索了把握不可接近的世界的可能性。为了打破理性实证主义和决定论对建筑限定和约束，他们正视矛盾和冲突，尝试利用动荡不安的暂时性和偶然性结合一系列的解决方案来探索建筑和城市的未来发展方向。